Harshad Lakum
Dhara Desai
Kishor Chikhalia

# Quinazolina: Natureza Privilegiada como Agentes Farmacológicos Eficazes

Harshad Lakum
Dhara Desai
Kishor Chikhalia

# Quinazolina: Natureza Privilegiada como Agentes Farmacológicos Eficazes

ScienciaScripts

**Imprint**
Any brand names and product names mentioned in this book are subject to trademark, brand or patent protection and are trademarks or registered trademarks of their respective holders. The use of brand names, product names, common names, trade names, product descriptions etc. even without a particular marking in this work is in no way to be construed to mean that such names may be regarded as unrestricted in respect of trademark and brand protection legislation and could thus be used by anyone.

Cover image: www.ingimage.com

This book is a translation from the original published under ISBN 978-3-659-86589-3.

Publisher:
Sciencia Scripts
is a trademark of
Dodo Books Indian Ocean Ltd. and OmniScriptum S.R.L publishing group

120 High Road, East Finchley, London, N2 9ED, United Kingdom
Str. Armeneasca 28/1, office 1, Chisinau MD-2012, Republic of Moldova, Europe
Managing Directors: Ieva Konstantinova, Victoria Ursu
info@omniscriptum.com

Printed at: see last page
**ISBN: 978-620-8-54725-7**

# Conteúdo


Agradecimentos ... 2

OBSERVAÇÕES GERAIS ... 3

Lista de abreviaturas ... 4

Dedicação ... 6

Introdução ... 7

Importância dos Heterociclos na Química Medicinal ... 16

Síntese e atividade antimicrobiana de derivados de quinazolina dotados de motivos tiossemicarbazídicos e estirilos ... 29

Conclusão ... 50

Outras contribuições do autor para a investigação ... 51

## Agradecimentos

*Durante a redação deste livro, fui acompanhada e apoiada por muitas pessoas. Acima de tudo, o meu livro está em dívida para com aqueles que contribuíram de muitas formas para o sucesso deste estudo e fizeram dele uma experiência inesquecível para mim. É um aspeto agradável o facto de ter agora a oportunidade de expressar a minha gratidão a todos eles.*

*Estarei sempre grato ao meu professor orientador e conselheiro de investigação, Prof. (Dr.) Kishor H. Chikhalia, Departamento de Química, Faculdade de Ciências, Universidade de Gujarat, Ahmedabad, Índia. As suas críticas construtivas, o seu apoio contínuo e a sua muito necessária motivação e inspiração ajudaram-me a melhorar o meu trabalho durante todo o período do meu presente estudo. Os seus conhecimentos no domínio científico ensinaram-me muito.*

*Estou grato aos meus muitos colegas de investigação por me terem proporcionado um ambiente estimulante e divertido. Os meus agradecimentos vão, em particular, para o Dr. Rahul Modh e o Dr. Dhruvin Shah, com quem muitas rondas de discussão sobre o meu livro me ajudaram muito.*

*Além disso, várias pessoas ajudaram-me, consciente e inconscientemente, a concluir com êxito este projeto. Duvido que alguma vez consiga transmitir plenamente o meu apreço, mas devo a essas pessoas a minha eterna gratidão.*

*Agradecemos também à* editora *LAP LAMBERT por ter colocado este trabalho de investigação na rede científica alargada.*

**Dr. Harshad P. Lakum**

## OBSERVAÇÕES GERAIS

1. Todas as temperaturas são expressas em graus centígrados (°C).

2. Todos os pontos de fusão não estão corrigidos e foram registados pelo método capilar.

3. A temperatura ambiente, quando mencionada, corresponde normalmente a 30 °C-35 °C.

4. Os espectros de RMN $^{de\ (1)}$H foram registados num aparelho Bruker WM 400 FT MHz NMR

utilizando DMSO como solvente e tetrametilsilano como padrão interno (deslocamento químico em δ ppm).

5. Os espectros de RMN $^{13}$C foram registados num aparelho Bruker WM 100 FT MHz NMR, utilizando DMSO como solvente.

6. Os espectros de IV foram registados no espetrofotómetro FTIR da Shimadzu.

7. As análises elementares foram efectuadas num analisador elementar Carlo Erba - 1108.

8. As análises de massa foram registadas no modelo JOEL SX-102 (EI).

9. A pureza de todos os compostos sintetizados foi verificada utilizando a técnica de cromagrafia em camada fina em folhas revestidas de gel de sílica (Merck Kiesel 60 GF-254, 0,2 mm de espessura).

10. Todos os produtos químicos e solventes utilizados para efeitos de síntese eram de grau AR. (Pureza: superior a 99 %)

# Lista de abreviaturas

| | |
|---|---|
| °C | Degree centigrade |
| *A. clavatus* | *Aspergillus clavatus* |
| *A. niger* | *Aspergillus niger* |
| *B. cereus* | *Staphylococcus aureus* |
| *B. subtilis* | *Bacillus subtilis* |
| MGIT | Mycobacteria Growth Indicator Tube |
| *C. albicans* | *Candida albicans* |
| DMF | *N,N*-Dimethyl formamide |
| DMSO | Dimethyl sulfoxide |
| d | Doublet |
| dd | Doublet of a doublet |
| EtOH | Ethanol |
| *E. coli* | *Escherichia coli* |
| g | Gram |
| Hrs | Hours |
| IPA | Isopropyl alcohol |
| IR | Infra Red |
| *K. pneumoniae* | *Klebsiella pneumoniae* |
| $K_2CO_3$ | Potassium carbonate |
| MIC | Minimum Inhibitory Concentration |
| m | Multiplet |
| MeOH | Methanol |
| mp | Melting point |
| mg | Milligrams |
| mL | Milliliter |
| MHz | Mega hertz |
| Min | Minutes |
| *M. tuberculosis* | *Mycobacterium tuberculosis* $H_{37}Rv$ |
| MTCC | The microbial type culture collection |
| NMR | Nuclear Magnetic Resonance |
| $POCl_3$ | Phosphorus oxychloride |
| *P. aeruginosa* | *Pseudomonas aeruginosa* |
| Ph | Phenyl |

| | |
|---|---|
| ppm | Parts per million |
| *S. aureus* | *Staphylococcus aureus* |
| TEA | Triethyl amine |
| TLC | Thin Layer Chromatography |
| t | Triplet |

## Dedicação

Este livro é dedicado à minha amada

Padre **Sr. Punjabhai Lakum,**

Mãe **Sra. Shantaben Lakum,**

A esposa **Anita Lakum** e

Filho **Jaithra Lakum**

## Introdução

A descoberta de novos agentes terapêuticos humanos eficazes é uma das tarefas mais importantes da humanidade. Trata-se de uma atividade extremamente exigente que requer criatividade, um vasto leque de conhecimentos científicos e grande persistência. A grande expansão da investigação médica no passado contribuiu muito para o progresso sem paralelo da medicina durante esse período. Procedimentos de ensaio biológico melhorados e basicamente mais significativos proporcionaram uma melhor orientação na descoberta de medicamentos, apontando observações sugestivas que podem ser utilizadas na conceção de novos agentes terapêuticos. A elucidação da estrutura de muitas novas pistas moleculares nos últimos anos também tornou possível um estudo mais racional do modo de ação química desses compostos e da sua interação com os medicamentos. O desenvolvimento de novas classes de medicamentos com menos efeitos secundários e uma duração de tratamento mais curta é fundamental para continuar a luta contra as doenças infecciosas. Por conseguinte, o domínio da química medicinal tem vindo a adquirir uma importância extrema desde há vários anos para melhorar os avanços médicos. A investigação indicou que as doenças têm surgido ao longo dos séculos e é de esperar que continuem a surgir novas doenças no futuro, uma vez que os factores de emergência continuam e até se intensificaram ao longo do tempo. Nos últimos 20 anos, surgiram pelo menos 30 novas doenças, para muitas das quais não existe tratamento, cura ou vacina, nem a possibilidade de prevenção ou controlo eficazes. As doenças infecciosas são causadas por microorganismos patogénicos, tais como bactérias, vírus, parasitas ou fungos. As doenças podem ser transmitidas, direta ou indiretamente, de uma pessoa para outra. "Doenças infecciosas da pobreza" é um termo genérico utilizado para descrever uma série de doenças que se sabe serem mais prevalecentes entre as populações mais pobres, e não um grupo definitivo de doenças. Trata-se de um conceito abrangente, que reconhece a necessidade de nos concentrarmos nas pessoas pobres e vulneráveis, que têm menos poder de intervenção. Muitas destas doenças são também consideradas "doenças tropicais negligenciadas", tal como definidas pela OMS.

## Factos e estatísticas sobre algumas doenças potencialmente fatais

As doenças infecciosas da pobreza não se limitam aos países de baixo e médio rendimento, mas manifestam-se nas populações pobres de todo o mundo. Para além da tuberculose, da malária e do VIH, muitas outras doenças infecciosas não têm ocupado um lugar de destaque na agenda mundial. No entanto, um número crescente de organizações e parcerias está agora empenhado no seu controlo. Em maio de 2007, a atividade humana e a poluição produziram níveis elevados de algas cianobactérias que tornaram a água do lago imprópria para consumo humano. Esta situação afectou 30 milhões de pessoas na cidade de Wuxi e na sua região. Cerca de 60% da água dos sete principais rios da China foi considerada imprópria para consumo humano, prejudicando a saúde pública e pondo em perigo o desenvolvimento social e económico [1, 2].

Em 2011, uma estirpe rara da bactéria *Escherichia coli*, associada ao consumo de alimentos contaminados, causou um grande número de casos de diarreia sanguinolenta e de síndrome hemolítico-urémico na Alemanha, que depois se propagou a França, à Suécia e a outras partes da Europa. A pneumonia é uma forma de infeção respiratória aguda que afecta os pulmões. Os pulmões são constituídos por pequenos sacos chamados alvéolos, que se enchem de ar quando uma pessoa saudável respira. Quando um indivíduo tem pneumonia, os alvéolos ficam cheios de pus e líquido, o que torna a respiração dolorosa e limita a ingestão de oxigénio. A pneumonia é a maior causa de morte de crianças em todo o mundo. Todos os anos, mata cerca de 1,1 milhões de crianças com menos de cinco anos de idade, o que representa 18% de todas as mortes de crianças com menos de cinco anos em todo o mundo. A pneumonia afecta crianças e famílias em todo o mundo, mas é mais frequente no Sul da Ásia e na África Subsariana. As crianças podem ser protegidas da pneumonia, que pode ser prevenida com intervenções simples e tratada com medicamentos e cuidados de baixo custo e de baixa tecnologia [3, 4].

No passado, a tuberculose era conhecida por vários nomes. O termo "Tuberculose" só é conhecido na primeira metade do século XIX. A doença era conhecida por outros nomes, tais como phthisis, scrofula, tabes, bronquite, inflamação dos pulmões, febre héctica, febre gástrica e lúpus. Era também conhecida como a grande peste branca e a consunção. Embora ainda esteja a ser investigada a origem deste organismo, o estudo atual mostra que a TB foi detectada há 18.000 anos [5]. Talvez este organismo tenha tido origem no gado e depois tenha sido transferido para os seres humanos [6]. O facto de este organismo ter evoluído gradualmente e ter sofrido mutações é claro. Foi apenas em 1882 que o Dr. Robert Koch isolou o bacilo da tuberculose e estabeleceu a tuberculose como uma doença infecciosa [7]. A tuberculose é uma das doenças infecciosas causadas pelo *Mycobacterium tuberculosis* e é a principal causa de morte no mundo recente. Mais de 25% das mortes registadas no início do século XIX foram causadas pela tuberculose. Embora as taxas de mortalidade tenham diminuído até ao final do século XX, com o desenvolvimento de novos medicamentos contra a tuberculose, a tuberculose resistente aos medicamentos tornou-se outra questão importante na maioria dos países com epidemia de tuberculose. Atualmente, cerca de um terço da população mundial está infetada e, destes, quase 15 milhões têm a doença ativa em permanência. No século XXI, estima-se que cerca de 9,2 milhões de pessoas tenham tido casos de TB. De acordo com a Organização Mundial de Saúde (OMS), em 2010, registaram-se 8,8 milhões (intervalo, 8,5-9,2 milhões) de casos incidentes de TB, 1,1 milhões (intervalo, 0,9-1,2 milhões) de mortes por TB entre pessoas seronegativas para o VIH e mais 0,35 milhões (intervalo, 0,320,39 milhões) de mortes por TB associada ao VIH. A figura seguinte apresenta a estimativa das taxas de incidência de TB em 2010. A tuberculose extra-pulmonar é frequentemente comum em doentes associados ao VIH ou a doenças imunodeficientes [810].

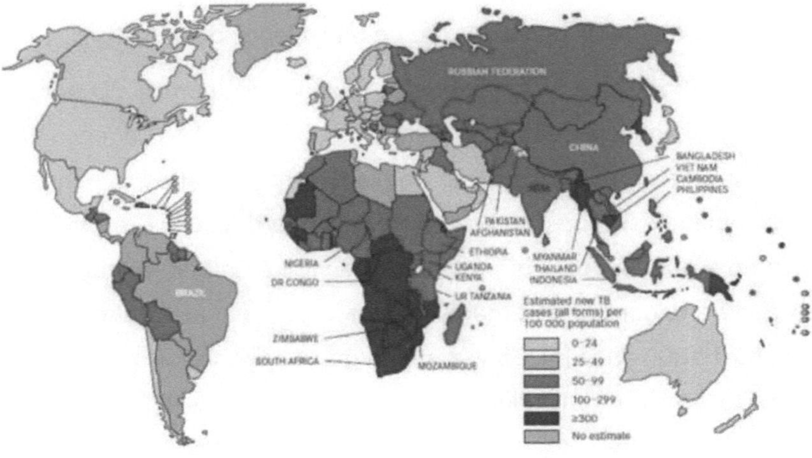


**Estimativa das taxas de incidência de TB, 2010**

## Resistência aos medicamentos

A resistência dos organismos causadores de doenças aos medicamentos antimicrobianos e a outros agentes constitui um importante problema de saúde pública a nível mundial. Está a ter um impacto mortal no controlo de doenças como a tuberculose, a malária, a cólera, a disenteria e a pneumonia. A resistência antimicrobiana não é um problema novo, mas agravou-se dramaticamente na última década. Durante esse período, o ritmo de desenvolvimento de novos agentes antimicrobianos abrandou, enquanto a prevalência da resistência aumentou a um ritmo alarmante. O aumento do número de bactérias resistentes aos medicamentos já não é acompanhado por uma expansão paralela do arsenal de agentes utilizados para tratar as infecções. Nesta situação, os médicos e os seus doentes estão cada vez mais desamparados. Todos os grupos etários são afectados. Os idosos, os muito jovens, os doentes crónicos e as pessoas cujas defesas naturais são enfraquecidas por doenças ou tratamentos médicos, como a cirurgia, correm maior risco de contrair infecções resistentes aos medicamentos, mas as pessoas saudáveis no auge da vida também podem ser atacadas. A resistência aos antibióticos e a outros medicamentos significa que as pessoas com infecções ficam doentes durante períodos mais longos e correm maior risco de morrer, e que as epidemias de doenças se prolongam. Todas as bactérias possuem uma flexibilidade inerente que lhes permite, mais cedo ou mais tarde, desenvolver genes que as tornam resistentes a qualquer antimicrobiano. Ao matar as bactérias susceptíveis, um antimicrobiano proporciona pressões selectivas que favorecem o crescimento excessivo de bactérias portadoras de um gene que confere resistência. A utilização contínua de agentes antimicrobianos favorece a multiplicação e a propagação de estirpes resistentes. Há fortes indícios de que uma das principais causas da atual crise de resistência antimicrobiana é a utilização descontrolada e inadequada de medicamentos antibióticos, tanto nos países industrializados como nos países em desenvolvimento. São utilizados por demasiadas pessoas para tratar o tipo errado de infeção, na dosagem errada e durante o período de tempo errado. As implicações são impressionantes: os medicamentos que custam dezenas de milhões de dólares a produzir e que demoram talvez 10 anos a chegar ao mercado têm apenas um período de vida limitado em que são eficazes. À medida que a resistência se espalha, esse tempo de vida diminui; à medida que surgem menos medicamentos novos, aumenta o fosso entre a infeção e o controlo. Até à data, o padrão de utilização excessiva ou inadequada e o desenvolvimento de resistência têm-se repetido após a introdução de cada novo antimicrobiano. A utilização excessiva de medicamentos dispendiosos concebidos para cobrir uma série de infecções é um problema particularmente grave nos países industrializados. Nos países em desenvolvimento, o problema é agravado pela disponibilidade imediata de medicamentos de venda livre. Isto permite que os doentes se tratem a si próprios, quer com o medicamento errado, quer em quantidades demasiado pequenas para serem eficazes. Os medicamentos de qualidade inferior e os medicamentos contrafeitos, que não contêm quantidades adequadas de ingredientes activos, agravam ainda mais o problema da resistência. A resistência não tem barreiras naturais; o seu desenvolvimento nos locais mais remotos pode levar rapidamente a um impacto mundial, ajudado pelas viagens aéreas internacionais. Para além disso, são utilizadas enormes quantidades de antimicrobianos médicos na produção de alimentos para animais em todo o mundo. Anualmente, são produzidas cerca de 170 mil milhões de toneladas de carne animal em todo o mundo. Mais de metade da produção total de todos os antimicrobianos é utilizada em animais de criação, quer para a prevenção de doenças quer para a promoção do crescimento. As bactérias resistentes aos medicamentos são transmitidas através da cadeia alimentar até ao consumidor, onde podem causar doenças ou transferir a resistência para agentes patogénicos humanos [11-15].

## Exemplos

*Os estafilococos*, que podem contribuir para infecções cutâneas, endocardite, osteomielite, intoxicação alimentar e outras doenças graves, desenvolveram resistência a todos os antibióticos, exceto à vancomicina [16]. Se surgissem estirpes resistentes à vancomicina, algumas das infecções hospitalares mais prevalentes tornar-se-iam praticamente intratáveis [17]. *Os estreptococos* também se tornaram cada vez mais resistentes a alguns antibióticos nos últimos 25 anos. Encontram-se entre as bactérias causadoras de doenças mais comuns, responsáveis por infecções da garganta, do ouvido médio, da pele e de feridas, bem como por fasceíte necrosante e gangrena [18]. *Os pneumococos* e *o Haemophilus influenzae* são as bactérias mais comuns que causam infecções respiratórias agudas em crianças, particularmente pneumonia. Estes dois organismos estão a tornar-se cada vez mais resistentes aos medicamentos [19]. Antes de 1967, *o S. pneumoniae* era uniformemente suscetível à penicilina e à maioria dos outros antimicrobianos. Desde que um isolado *pneumocócico* resistente à penicilina e à tetraciclina foi isolado de um doente na Austrália em 1967, a resistência aos antimicrobianos β-lactâmicos tem vindo a aumentar em todo o mundo [20]. No entanto, foi dada pouca atenção a este agente patogénico até terem sido comunicadas estirpes altamente resistentes da África do Sul em 1977. As taxas de resistência à penicilina entre os *pneumococos* são atualmente >35% em algumas partes do mundo [21-23]. Atualmente, o tipo mais virulento de *Haemophilus influenzae* é frequentemente resistente à ampicilina, tendo sido identificadas estirpes resistentes a outros medicamentos, incluindo o cotrimoxazol [24, 25]. Em resumo, os médicos de todo o mundo estão a perder alguns dos antibióticos mais úteis e acessíveis contra as duas bactérias que são a principal causa de morte nas crianças. Nos últimos anos, *a Shigella dysenteriae* tem causado surtos de doença diarreica grave na África Central e Austral, incluindo nos campos de refugiados, com a estirpe epidémica a adquirir cada vez mais resistência aos antibióticos padrão.

A disenteria epidémica causada por esta estirpe resulta na morte de até 15% das pessoas infectadas [26]. *A Salmonella typhi*, a bactéria responsável pela febre tifoide , desenvolveu resistência aos antibióticos habitualmente utilizados no passado para tratamento. As estirpes resistentes causaram surtos da doença na Índia e no Paquistão nos últimos anos. Sem um tratamento antibiótico eficaz, a febre tifoide mata quase 10% das pessoas infectadas. No Sudeste Asiático, 50% ou mais das estirpes da bactéria podem já ser resistentes a vários antibióticos [27]. Mais de metade dos antibióticos produzidos a nível mundial são utilizados em animais, em grande parte em concentrações subterapêuticas que favorecem o aparecimento de resistência aos medicamentos. Consequentemente, dois importantes agentes patogénicos humanos de origem animal, a *E. coli* e *a salmonela*, são hoje altamente resistentes aos antibióticos, tanto nos países industrializados como nos países em desenvolvimento [28]. Por exemplo, no Reino Unido, o aumento de estirpes multirresistentes de *Salmonella typhimurium* isoladas de bovinos é paralelo ao aumento da resistência entre as estirpes de origem humana [29].

Na Tailândia, *as salmonelas* isoladas de animais destinados à alimentação humana são também altamente resistentes aos antibióticos comuns [30, 31]. Estas bactérias causam doença diarreica e podem levar a complicações potencialmente fatais. Devido à globalização do abastecimento alimentar e às viagens internacionais, a resistência antimicrobiana entre as bactérias animais pode afetar os consumidores em qualquer parte do mundo.

A resistência do *M. tuberculosis* aos medicamentos antituberculose é uma amplificação artificial de um fenómeno natural. Ao contrário da situação em muitas bactérias, no *M. tuberculosis* não há indicação de transferência horizontal de genes (aquisição de plasmídeos de resistência ou transposões). As estirpes selvagens de *M. tuberculosis* que nunca foram expostas a fármacos antituberculose quase nunca são resistentes, embora tenha sido documentada resistência natural a fármacos específicos (pirazinamida) para o *M. bovis*. No entanto, para efeitos de vigilância da resistência aos medicamentos, o interesse centra-se no processo aleatório de mutações genéticas que conduzem ao aparecimento de resistência clínica ao tratamento antituberculose. A presença de antimicrobianos proporciona a pressão selectiva para que os organismos resistentes se tornem predominantes, especialmente em doentes com uma grande carga de bacilos, por exemplo, aqueles com doença cavitária extensa [32-34]. A exposição a um único medicamento - devido ao fornecimento irregular de medicamentos, à prescrição inadequada ou à fraca adesão ao tratamento - suprime o crescimento de bacilos susceptíveis a esse medicamento, mas permite a multiplicação de organismos resistentes aos medicamentos [35, 36]. Este fenómeno é designado por resistência adquirida. A transmissão subsequente de tais bacilos a outras pessoas pode levar a uma doença que é resistente aos medicamentos desde o início, um fenómeno conhecido como resistência primária. Todos os medicamentos activos contra o *M. tuberculosis* são susceptíveis de induzir resistência e, quanto mais ativo for um medicamento, maior é a probabilidade de induzir resistência clínica. A resistência múltipla aos medicamentos devido a mutações que ocorrem espontaneamente é virtualmente impossível, uma vez que não existe um único gene envolvido na resistência múltipla e as mutações que resultam em resistência a vários medicamentos surgem independentemente. O Projeto Global de Vigilância da Resistência aos Medicamentos Antituberculose tem vindo a recolher dados desde 1994. Os dados mais recentes indicam que todas as regiões do mundo registaram casos de TB-MDR, como mostra a Fig. 1.5 [37].

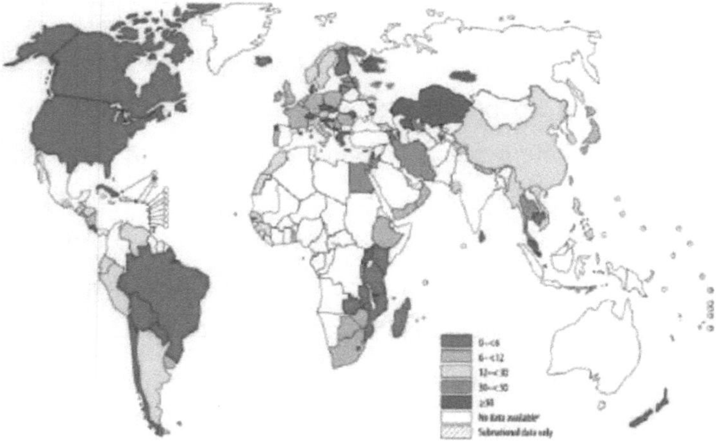


**Proporção de TB-MDR entre os casos de TB previamente tratados, 1994-2009**

## Importância dos Heterociclos na Química Medicinal

A pesquisa bibliográfica revelou que a história da química heterocíclica começou nos anos 1800, a par do desenvolvimento da química orgânica [3840]. Cerca de metade dos mais de seis milhões de compostos registados até agora no Chemical Abstracts são heterocíclicos. A química heterocíclica é um dos ramos mais complexos e intrigantes da química orgânica e os compostos heterocíclicos constituem a maior e mais variada família de compostos orgânicos. Muitos aspectos mais amplos da química heterocíclica são reconhecidos como disciplinas de importância geral que afectam quase todos os aspectos da química orgânica moderna, da química medicinal e da bioquímica. Os compostos heterocíclicos oferecem um elevado grau de diversidade estrutural e provaram ser ampla e economicamente úteis como agentes terapêuticos [41, 42]. Os compostos heterocíclicos são compostos orgânicos que contêm pelo menos um átomo de carbono e pelo menos um elemento diferente do carbono, como o enxofre, o oxigénio ou o azoto, numa estrutura em anel. Uma vez que nos heterociclos se considera que os não carbonos substituem normalmente os átomos de carbono, são designados heteroátomos, por exemplo, diferentes do carbono e do hidrogénio. Um anel com apenas heteroátomos é designado por composto homocíclico e os heterociclos são os homólogos dos compostos homocíclicos. Assim, a incorporação de oxigénio, azoto, enxofre ou um átomo de um elemento relacionado numa estrutura de anel orgânico em vez de um átomo de carbono dá origem a um composto heterocíclico. Estas estruturas podem ser constituídas por anéis aromáticos simples ou por anéis não aromáticos. Os compostos heterocíclicos possuem geralmente uma estrutura anelar estável que não é facilmente hidrolisada ou despolimerizada. Os heterociclos com três átomos no anel são mais reactivos devido à tensão do anel. Os que contêm um heteroátomo são, em geral, estáveis. Aqueles com dois heteroátomos são mais susceptíveis de ocorrer como intermediários reactivos. Os compostos heterocíclicos desempenham um papel vital nos processos biológicos e estão amplamente difundidos como produtos naturais. Encontram-se amplamente na natureza, nomeadamente nos ácidos nucleicos, alcalóides vegetais, antocianinas e flavonas, bem como no heme e na clorofila. Além disso, algumas vitaminas, proteínas e hormonas contêm sistemas heterocíclicos aromáticos. Os heterociclos produzidos sinteticamente e concebidos por químicos orgânicos são utilizados, por exemplo, como agroquímicos e produtos farmacêuticos e desempenham um papel importante na vida humana. Os heterociclos têm um enorme potencial como moléculas mais promissoras para a conceção de novos fármacos [43-50]. Os compostos heterocíclicos têm uma grande aplicabilidade como fármacos porque,

1. Têm uma reatividade química específica.
2. Assemelham-se a metabolitos essenciais e podem provocar falsos sintomas no processo biossintético.
3. Encaixam nos receptores biológicos e bloqueiam o seu funcionamento normal.
4. Fornecem blocos de construção convenientes, aos quais podem ser ligados substituintes biologicamente activos.

Em suma, a química heterocíclica é o ramo da química que se ocupa da síntese, das propriedades e das aplicações dos heterociclos.

## Importância biológica dos derivados de quinazolina

A estrutura da quinazolina é a espinha dorsal de muitos alcalóides naturais extraídos de várias plantas, animais e microorganismos [51]. As quinazolinas representam uma das classes mais importantes de compostos heterocíclicos, possuindo um forte e vasto espetro de atividade biológica. Tendo em conta o número crescente de aplicações nos anos mais recentes, tem havido um enorme aumento da atração entre biólogos e químicos na síntese e bioatividade dos derivados de quinazolina. Foi reconhecido que esta classe de compostos tem atividade como antibacteriana, analgésica, antialérgica, anticancerígena, anticoccidiana, anticonvulsiva, antidiabética, antidiurética, antifúngica, anti-histamínica, anti-HIV, anti-hiperlipidémico, anti-hipertensivo, anti-inflamatório, antileishmanial, antileucémico, antimalárico, antimutagénico, antineoplásico, antioxidante, antiparkinsoniano, antituberculose, antitússico e broncodilatador, antiviral, ansiolítico, depressor do SNC, inibidor da monoamina oxidase (MAO), agentes inibidores da fosfodiesterase, sedativo-hipnótico, inibidor da timidilato sintase, etc. [52-80].

Uma série de derivados de quinazolina mono e di-substituídos **(I)** baseados no esqueleto do Erlotinib (um inibidor do EGFR) foram sintetizados e as suas bioactividades contra o carcinoma hepatocelular foram avaliadas por Kuen-Feng Chen e colaboradores [81]. Os derivados de quinazolina dissubstituídos foram inibidores mais potentes da proliferação de células cancerígenas do que os derivados mono-substituídos.

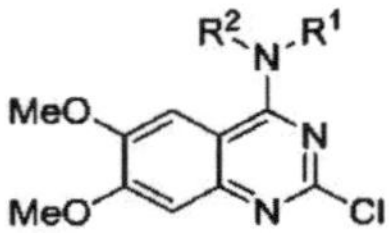


(I)

Where,

$R^1$ = 3-ethynylphenyl, 4-phenoxyphenyl, 2-fluoro-5-methylphenyl, etc
$R^2$ = H, Me, Cl. etc

Junbo He *et al.* [82] sintetizaram uma série de novos derivados de quinazolina contendo uma porção tiossemicarbazida **(II)** e testaram as suas actividades antitumorais *in vitro* contra um painel de cinco linhas celulares de cancro humano. Os resultados dos bioensaios indicam que a maior parte dos compostos preparados exibiram citotoxicidade contra várias células cancerosas. A partir das relações estrutura-atividade, verificou-se que o anel de quinazolina não substituído e o anel de benzeno ou o anel de benzeno substituído por halogéneo nos derivados de quinazolina seriam os mais favoráveis para a sua atividade antitumoral.

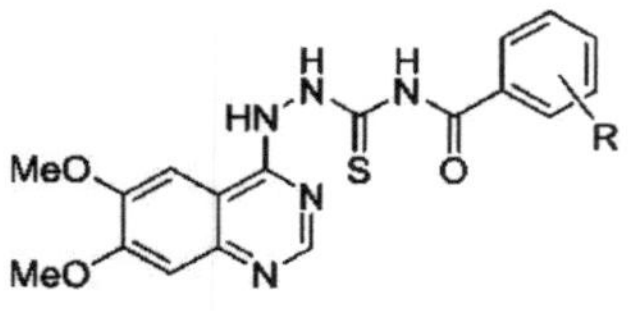

**(II)**

Where,

**R**= H, -Cl, -F, $-CF_3$, $-CH_3$,

etc

Duas séries de novos derivados de 2-(2-arilmetileno)hidrazinil-4-aminoquinazolina **(III)** foram sintetizadas por Nan Jiang *et al.* [83] e avaliadas quanto à sua citotoxicidade contra as linhas celulares de cancro H-460, HT-29, HepG2 e SGC-7901 *in vitro*. A maioria dos compostos apresentou uma atividade moderada a excelente, com valores $IC_{50}$ que variam entre 0,015 e 4,09 µM contra todas as linhas celulares testadas, respetivamente. O composto mais promissor (*E*)-2-(2-((1-(2,3-diclorobenzil)- *1H-imidazol-2-il*)metileno)hidrazinil)-*N*-(1-metilpiperidin-4-il)quinazolin-4-amina com valores de $IC_{50}$ de 0,031 µM, 0,015 µM, 0,53 µM e 0,58 µM, que foi 4 a 224 vezes mais ativo do que as referências e o Iressa, emergiu como uma pista para mais modificações estruturais.

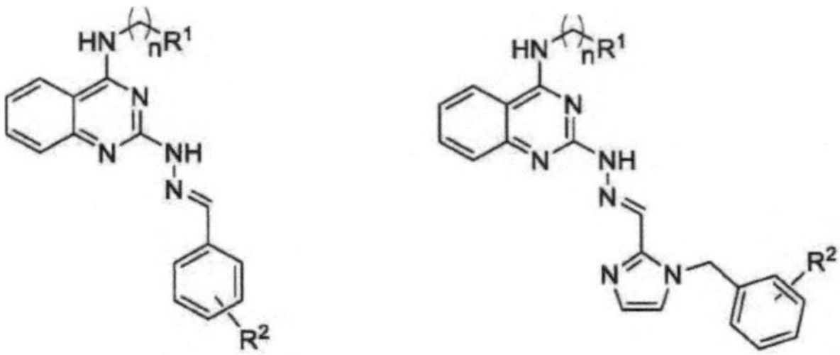

**(III)**

Where,

$R^1$ = 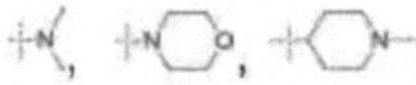, etc

$R^2$ = H, 4-Me, 4-F, 2,3-diCl, etc

Wei-Wei Li *et al.*[84] sintetizaram o inibidor da FLT3 (FMS-like tyrosine kinase 3) 2-(6,7-dimetoxiquinazolina-4-iltio)tiazol **(IV)**, que mostrou uma potência enzimática considerável, mas uma atividade anti-AML muito baixa *in vitro* e *in vivo*. Os estudos de SAR centrados na cabeça (tiazol) e nas caudas (posições 6 e 7) da porção quinazolina levaram à descoberta de compostos com uma potência significativamente maior contra as células MV4-11 que utilizam FLT3, mas não activos contra HCT116, que é independente de FLT3.

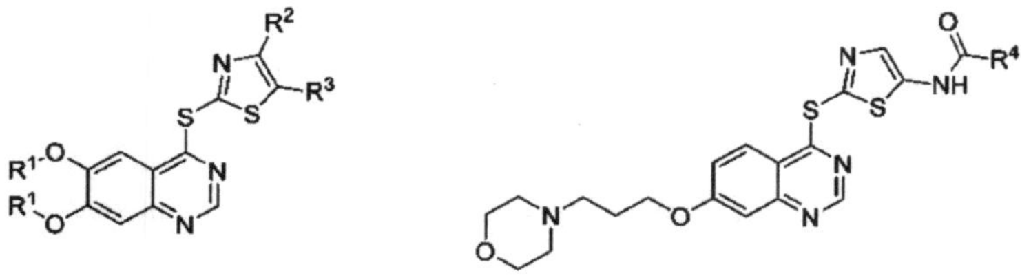

**(IV)**

Where,

**R**[1] =-$CH_3$, - $CH_2CH_2OCH_3$, etc

**R**[2] =-$CH_3$, etc

**R**[3] =-H, chlorobenzenamine, 3-(trifluoromethyl)benzenamine, *N*-(4-aminophenyl)acetamide, etc

**R**[4] = -$CH_3$, - $CH_2CH_3$, -$NHC_6H_4Cl$, etc

Dezassete derivados de quinazolina 2,4-dissubstituídos **(V)** foram concebidos, sintetizados e avaliados como ligandos eficazes e selectivos para a ligação do quadruplex G telomérico por Zeng Li *et al.*[85] utilizando o ensaio de fusão por transferência de energia por ressonância de fluorescência (FRET), espetroscopia de dicroísmo circular (CD), ressonância plasmónica de superfície (SPR), ressonância magnética nuclear (RMN) e modelação molecular. O estudo das relações estrutura-atividade (SAR) revela que a dissubstituição da quinazolina e o comprimento da cadeia lateral da amida foram importantes para a sua interação com o G-quadruplex.

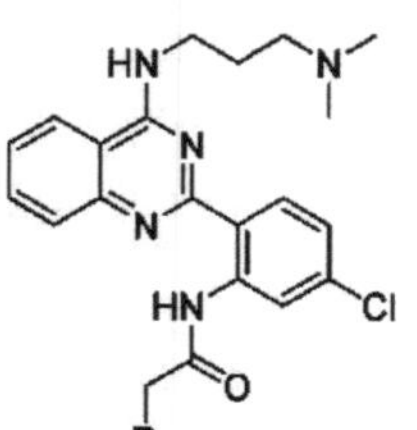

**(V)**

Onde,

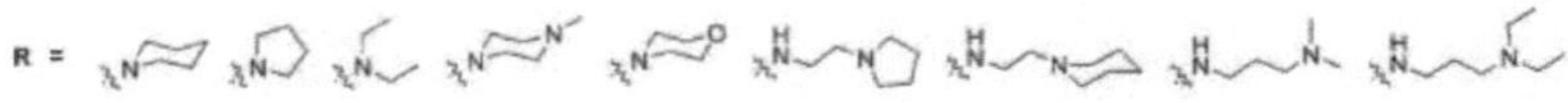

Esther Moreno *et al.*[86] sintetizaram derivados de quinazolina **(VI)** que foram analisados *in vitro* contra quatro linhas celulares tumorais - leucemia (CCRF-CEM), cólon (HT-29), pulmão (HTB-54) e mama (MCF-7) e duas linhas celulares derivadas de linhas celulares não malignas, uma mamária (184B5) e uma do epitélio brônquico (BEAS-2B). Alguns derivados apresentaram uma atividade antiproliferativa mais elevada do que os medicamentos de referência.

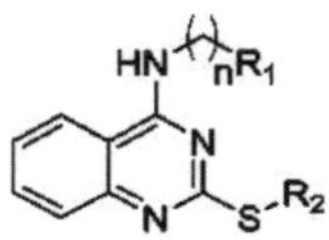

**(VI)**

Where,

**$R_1$** = $C_6H5$, 4-$OCH_3$-$C_6H_4$, 4-$SCH_3$-$C_6H_4$

**$R_2$**= -$CH_3$, pentyl, etc

Derivados de quinazolina que incorporam grupos isoxazólicos substituídos **(VII)** preparados por Rowbottom *et al.*[87] Todos os compostos foram analisados *in vitro* quanto à sua atividade contra o BRAFV$^{600}$E, tanto num ensaio de ligação bioquímica como quanto à sua capacidade de inibir a fosforilação da MEK mediada pelo BRAFV$^{600}$E (formação de pMEK) na linha celular A375.

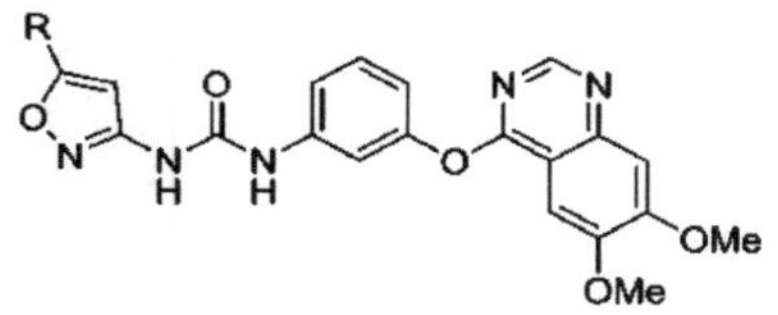

(VII)

Where,

**R** =*i*-propyl, c-pentyl, $CFMe_2$, $CF_2Me$, $CF_3$, etc

Russu *et al.*[88] descreveram a conceção, a síntese e a avaliação de uma série de compostos baseados num modelo farmacofórico de um andaime de quinazolina que pode ter uma elevada afinidade de ligação com a subunidade p50 do NF-kB. A série de compostos com substituição de fenilo na posição $2^{nd}$ da quinazolina provou ser mais eficaz na inibição da função NF-kB, tanto teórica como experimentalmente. Estes compostos também reduzem a proliferação de numerosas linhas de células tumorais **(VIII)**.

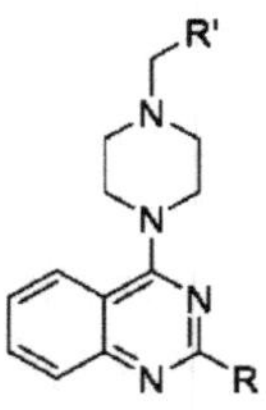

(VIII)

Where,

**R** =H, Ph

**R'**=Ph, 2-OH-Ph, 4-OH-Ph,

2-OH-5-Br-Ph, etc

Bing Yu e colaboradores [89] relataram a conceção e a síntese de novos derivados de 4-aminoquinazolina **(IX)** com base nos inibidores das tirosina-quinases VEGFR-2. As actividades inibitórias do VEGFR-2 destes compostos recentemente sintetizados foram também avaliadas e comparadas com as do ZD6474 (Vandetanib). Verificaram que a maioria dos compostos-alvo tinha uma boa potência inibitória.

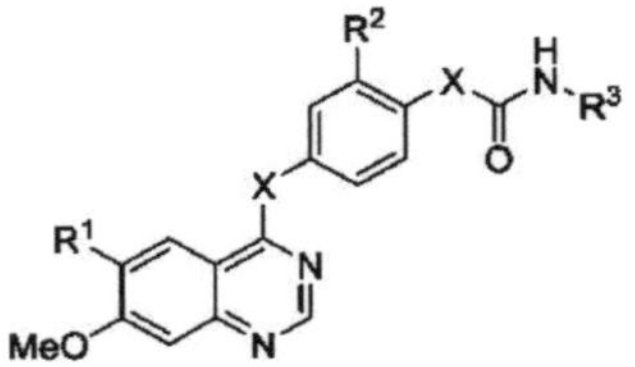

**(IX)**

Where,

**X** = $CH_2$, NH, etc

**R**$^1$, **R**$^2$, **R**$^3$= H, $OCH_3$, F, 3-F-Ph,

3-F-4-F-Ph, 3-$CF_3$-4-Cl-Ph, 3-F-Ph, etc

## Importância biológica dos derivados de tiossemicarbazidas

Uma série de análogos de naftaldeído-tiossemicarbazida **(X)** foi sintetizada por Sang-Hun Jung *et al.* [90] e avaliada quanto à sua atividade antimelanogénica utilizando células de melanoma B16 sob o estímulo de α-MSH.

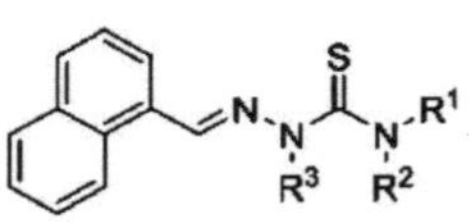

**(X)**

Where,

**R**$^1$ = H, $CH_3$, $CH_2CH_3$, Ph, Ph(-$CH_3$), & **R**$^2$ **&** **R**$^3$ = H, $CH_3$, etc

Jaroslaw Polanski *et al.* [91] sintetizaram e caracterizaram uma série de novos quelantes de ferro de tiossemicarbazona contendo uma estrutura de quinolina **(XI)**. Investigaram o seu efeito na absorção de ferro, mobilização de ferro e atividade anti-proliferativa contra linhas de células tumorais.

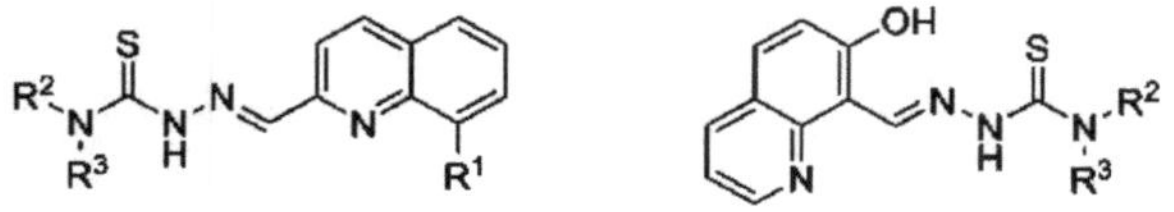

**(XI)**

Where,

**$R^1$** = H, 8-OH, & **$R^2$ & $R^3$** = H, Me, Et, Ph, etc

As 2-benzoilpiridina tiossemicarbazonas **(XII)** foram sintetizadas por Des R. Richardson *et al.* [92] e estudaram novas relações estrutura-atividade subjacentes à sua eficácia anti-proliferativa e quelante.

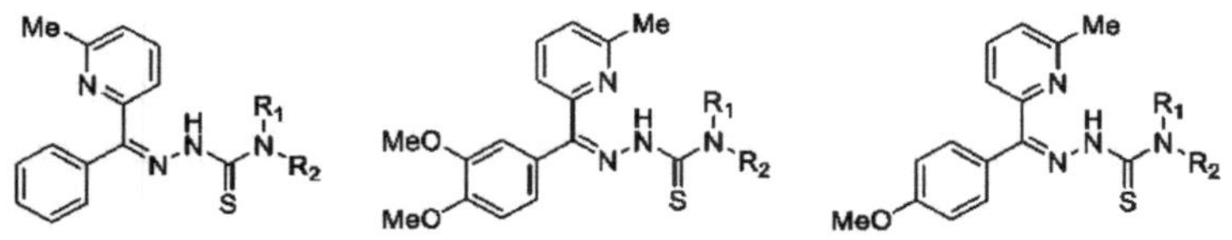

**(XII)**

Where,

**$R_1$** = H, $CH_3$, etc

**$R_2$** = H, $CH_3$, $CH_2CH_3$, $CH_2CHCH_3$, Ph, etc

Prakasam *et al.* [93] relataram a síntese de uma série de 12-aril- 8,9,10,12-tetrahidrobenzo[*a*]xanteno-11-onas e seus derivados de tiossemicarbazona **(XIII)** na presença de catalisador ácido. Os compostos derivados foram caracterizados por IR, NMR. A análise estrutural monocristalina de raios X da 12-(2-clorofenil)-8,9,10,12-tetrahidrobenzo[a]xanteno-11-ona também é relatada.

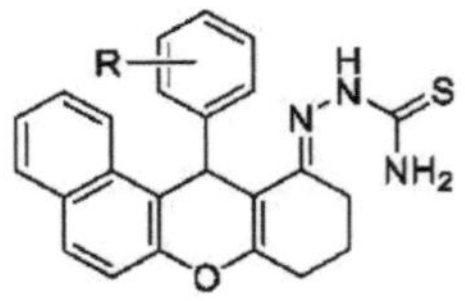

**(XIII)**

Where,

**R** = H, Cl, $NO_2$, Br, F, $CH_3$, etc

Trinta e seis novas *N*-(4-substituídas fenil)-2-[4-(substituídas) benzilideno]-hidrazinacarbotio-amidas **(XIV)** foram sintetizadas e avaliadas quanto à atividade anticonvulsiva e neurotoxicidade por & colaboradores[94].

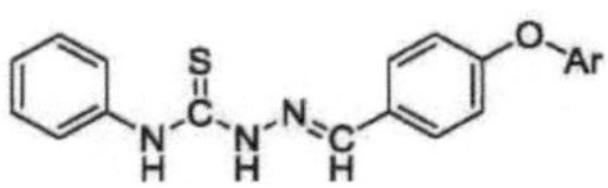

**(XIV)**

Where, 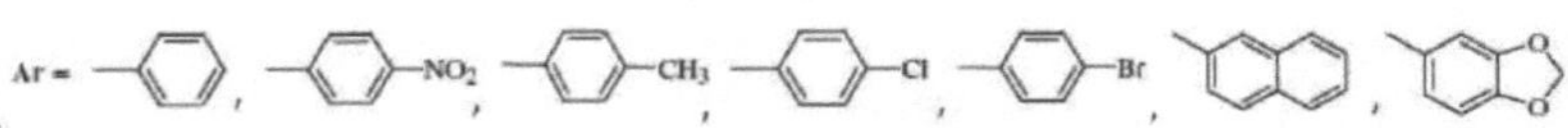

Hai-Liang Zhu *et al.*[95] conceberam, sintetizaram e determinaram estruturalmente uma série de novos derivados de tiossemicarbazida de chalcona **(XV)** e as suas actividades biológicas foram também avaliadas como potenciais inibidores da quinase EGFR.

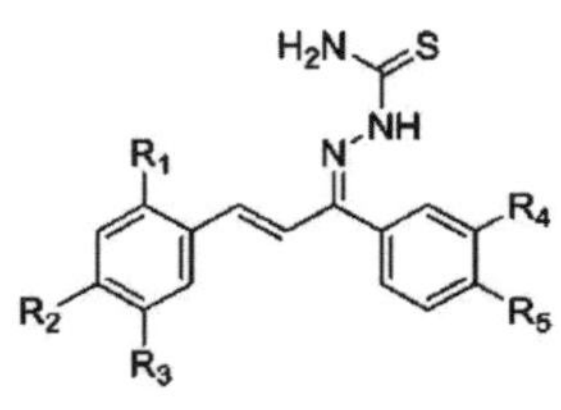

**(XV)**

Where,

**$R_1$, $R_2$, $R_3$, $R_4$ & $R_5$**=H, F, Cl, Br, OMe, Me, $NO_2$, Ph, $OCH_2Ph$, etc

Hongwu He *et al.* *[96]* conceberam e sintetizaram uma nova série de derivados de quinazolina contendo o grupo tiossemicarbazida **(XVI)** e testaram as suas actividades antitumorais *in vitro* contra um painel de cinco linhas celulares de cancro humano.

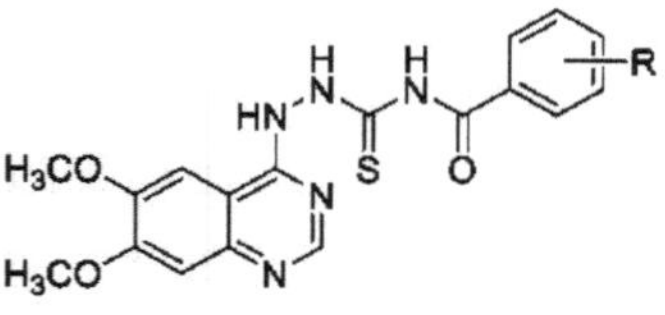

**(XVI)**

Where,

**R** =H, F, Cl, $CF_3$, $CH_3O$, $CH_3$, etc

Uma série de compostos 1-(1-ariletilideno)tiossemicarbazida e seus análogos **(XVII)** foram sintetizados por Huacan Song *et al.*[97] e estudaram as suas actividades inibidoras contra a tirosinase.

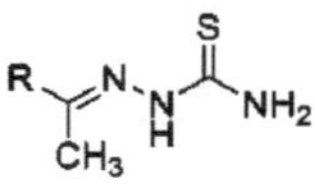

**(XVII)**

Where,

**R** = Phenyl, 4-Methylphenyl, 4-Hydroxyphenyl, 2,4-Dihydroxyphenyl, 2,4,6-Trihydroxyphenyl, 4-Fluorophenyl, 4-Bromophenyl, 4-Isopropylphenyl, 4-Methoxyphenyl, 2-Pyrazinyl, 2-Thiophenyl, 3-Pyridinyl, (4-Methoxyphenyl)methyl, 2-(4-Hydroxyphenyl)ethyl, etc

Os derivados de 6-metil-4,5-dihidropiridazina-3(2H)-ona **(XVIII)** com grupos tiossemicarbazida foram sintetizados por Tan *et al.* [98] e estudaram a sua atividade antimicobacteriana *in vitro* contra *Mycobacterium tuberculosis* H37Rv utilizando o método de diluição em ágar.

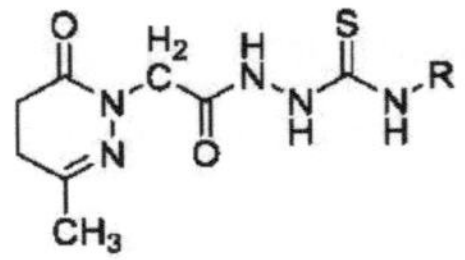

**(XVIII)**

Where,

**R** = Methyl, ethyl, phenyl, etc

Alagarsamy *et al.* [99] sintetizaram uma série de novas 1-(4-oxo-3-(3-metoxifenil)-3H-quinazolin-2-il)-4-(substituídas) tiossemicarbazidas **(XIX)** através da reação de 2-hidrazino-3-(3-metoxifenil) quinazolin-4(*3H*)-ona com vários ésteres metílicos de ácido ditiocarbâmico e testaram a sua atividade antituberculosa *in vitro* utilizando a estirpe H37Rv.

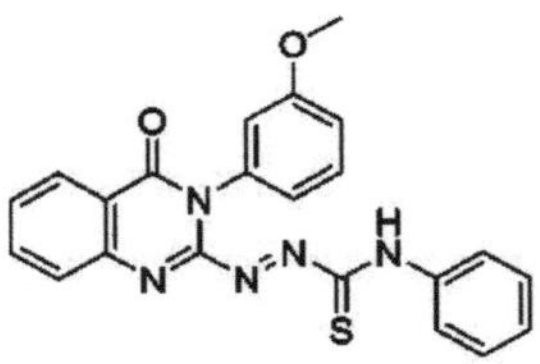

**(XIX)**

Where,

**R**= H, Cl, $NO_2$, $OCH_3$, etc

Com base nos factos acima referidos, sintetizámos algumas novas estruturas à base de quinazolina que proporcionam um efeito inibidor muito bom em várias estirpes de bactérias, fungos e micobactérias.

## Síntese e atividade antimicrobiana de derivados de quinazolina dotados de motivos tiossemicarbazídicos e estirilos

### Resumo

Numa tentativa de desenvolver novos agentes antimicrobianos contra a luta contra a flora microbiana infecciosa multirresistente, foram sintetizadas e caracterizadas duas séries de estruturas de quinazolina dotadas de motivos tiossemicarbazida e estiril. Todos os derivados recentemente sintetizados foram avaliados quanto à sua atividade antibacteriana *in vitro* (contra cinco estirpes bacterianas, *Staphylococcus aureus* MTCC 96, *Bacillus cereus* MTCC 430, *Escherichia coli* MTCC 739, *Pseudomonas aeruginosa* MTCC 741, e *Klebsiella pneumoniae* MTCC 109), bem como a atividade antifúngica *in vitro* (contra quatro estirpes fúngicas, *Aspergillus niger* MTCC 282, *Aspergillus fumigatus* MTCC 343, *Aspergillus clavatus* MTCC 1323 e *Candida albicans* MTCC 183) utilizando a técnica de diluição em caldo. Os compostos do título foram ainda avaliados quanto à atividade antituberculose *in vitro* (contra *Mycobacterium tuberculosis* **H37Rv**) utilizando o método BACTEC MGIT, bem como o método Lowenstein-Jensen MIC. Todos os derivados sintetizados foram bem caracterizados pelo seu IR, $^{1}$H NMR, $^{13}$C NMR, análise elementar, bem como espetroscopia de massa.

**Palavras-chave**: Quinazolina, Tiossemicarbazida, Estirilo, Antibacteriano, Antifúngico, Antituberculose

### Introdução

O poder multirresistente da flora microbiana infecciosa aos antibióticos conhecidos tem vindo a aumentar nas últimas décadas, o que constitui um grave problema médico. A resistência antimicrobiana (RAM) é a resistência de um microrganismo a um medicamento antimicrobiano ao qual era originalmente sensível. Os organismos resistentes (que incluem bactérias, fungos, vírus e alguns parasitas) são capazes de resistir ao ataque de medicamentos antimicrobianos, tais como antibióticos, antifúngicos, antivirais e antimaláricos, de modo que os tratamentos padrão se tornam ineficazes e as infecções persistem, aumentando o risco de propagação a outras pessoas. Uma série de relatórios clínicos recentes descreve a ocorrência crescente de *S. aureus* resistente à meticilina e de outros microrganismos patogénicos humanos resistentes a antibióticos nos Estados Unidos e nos países europeus. As infecções causadas por estes microrganismos representam um sério desafio para a comunidade médica e a necessidade de uma terapia eficaz levou à procura de novos agentes antimicrobianos. As doenças causadas por flora microbiana resistente não respondem frequentemente ao tratamento medicamentoso padrão, resultando em doença prolongada e maior risco de morte. As conquistas de novos medicamentos são postas em risco pela RAM. De acordo com a Organização Mundial de Saúde (OMS), cerca de 8,7 milhões de pessoas foram infectadas e 1,4 milhões de pessoas morreram de tuberculose (TB) no ano de 2011 (OMS, 2013) [8-10]. Sem antimicrobianos eficazes para cuidar e evitar infecções, o êxito de tratamentos como o transplante de órgãos, a quimioterapia do cancro e as grandes cirurgias ficaria comprometido. Por conseguinte, há uma necessidade urgente de desenvolver novos agentes antimicrobianos com um perfil de resistência significativamente melhorado contra vários micróbios infecciosos.

Os heterociclos contendo azoto têm recebido grande atenção na descoberta de medicamentos e desempenham também um papel importante na química medicinal. Isto deve-se ao facto de o par solitário de electrões presente no átomo de azoto se transferir para a molécula de proteína danificada e, consequentemente, ser possível reparar a molécula de proteína danificada.

Entre os heterociclos mais comuns, a quinazolina representa uma estrutura líder amplamente utilizada com aplicações interessantes em vários domínios. Na pesquisa bibliográfica, verificou-se que muitos derivados de quinazolina possuem uma boa atividade biológica, como actividades antifúngicas [100,

101], anticancerígenas [102], antimaláricas [103, 104], anti-inflamatórias [78, 105], anticonvulsivantes [106], analgésicas [107], antidepressivas [108] e antivirais [109]. Alguns são também utilizados para o tratamento da infeção pelo VIH [110]. Vários trabalhadores investigaram o núcleo da quinazolina para o tratamento da tuberculose como agentes anti-TB [111]. A pesquisa bibliográfica acima referida levou-nos a considerar o núcleo da quinazolina como um possível motivo. Além disso, foram examinados vários derivados de ureia ou tioureia e estirilo de estruturas de quinazolina para actividades anti-HIV e antibacterianas [58].

## Secção Experimental

### Materiais e métodos

Os pontos de fusão foram registados utilizando um aparelho de ponto de fusão capilar aberto e não foram corrigidos. Os espectros de RMN $^1$H foram registados num aparelho Bruker WM 400 FT MHz NMR, utilizando DMSO como solvente e tetrametilsilano como padrão interno (desvio químico em δ ppm). Os espectros de RMN $^{13}$C foram registados num aparelho Bruker WM 100 FT MHz NMR, utilizando DMSO como solvente. Os espectros de IV foram registados num espetrofotómetro FTIR Shimadzu. A análise elementar foi efectuada num analisador elementar Carlo Erba - 1108. As análises de massa foram registadas no modelo JOEL SX-102 (EI). A pureza de todos os compostos sintetizados foi verificada utilizando a técnica de cromagrafia de camada fina em folhas revestidas de gel de sílica (Merck Kiesel 60 GF-254, 0,2 mm de espessura). Todos os produtos químicos e solventes utilizados para efeitos de síntese eram de grau AR. (Pureza: superior a 99 %)

### Química

A síntese de todos os compostos desejados **5a-j** e **6a-j** foi efectuada de acordo com o protocolo sintético apresentado na **figura 1**. O composto (**2**) foi sintetizado pela reação do ácido 5-nitro-antranílico com acetamida à temperatura de refluxo. A cloração do composto (**2**) foi efectuada pelo tratamento com oxicloreto de fósforo ($POCl_3$) na presença de trietilamina para dar o composto (**3**). A reação de (**3**) com hidrato de hidrazina em etanol produziu o composto (**4**). Foram sintetizados vários derivados de quinazolina (**5a-j**) através da reação de (**4**) com isotiocianato de ailo substituído, utilizando tetra-hidrofurano anidro (THF) como solvente. A síntese dos derivados estirilos finais **(6a-j)** foi obtida pela reação entre 2-(2-metil-6-nitroquinazolina-4-il)-*N-fenil-hidrazinacarbotiamida* (**5a**) e vários aldeídos arilos substituídos na presença de ácido acético glacial. Todos os compostos sintetizados foram bem caracterizados por IR, $^1$H NMR, $^{13}$C NMR e espetroscopia de massa. A pureza de todas as moléculas sintetizadas foi determinada pela sua análise elementar.

## Representação esquemática

### Step-1

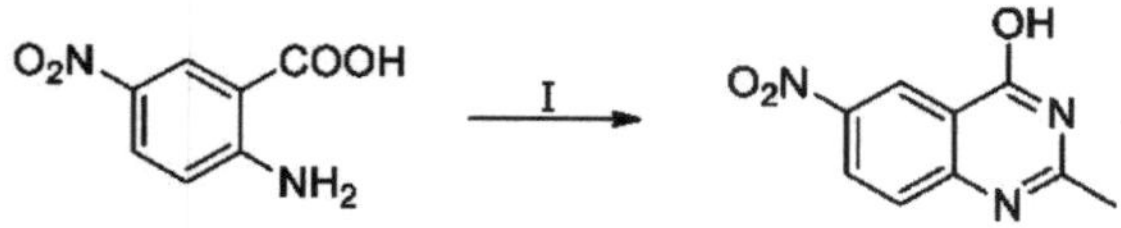

5-nitro anthranilic acid — 2-methyl-6-nitroquinazolin-4-ol

1 — 2

### Step-2

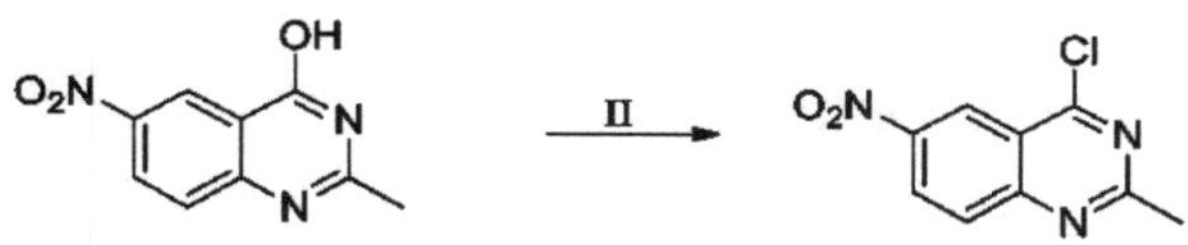

2-methyl-6-nitroquinazolin-4-ol — 4-chloro-2-methyl-6-nitroquinazoline

2 — 3

### Step-3

4-chloro-2-methyl-6-nitroquinazoline — 4-hydrazinyl-2-methyl-6-nitroquinazoline

3 — 4

### Step-4

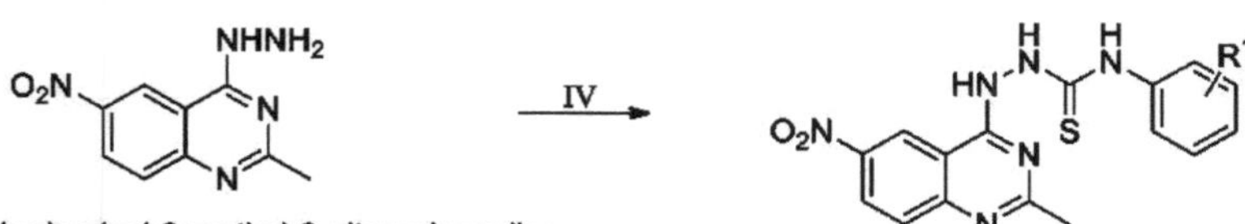

4-hydrazinyl-2-methyl-6-nitroquinazoline — **5a-j**

4

## Etapa 5

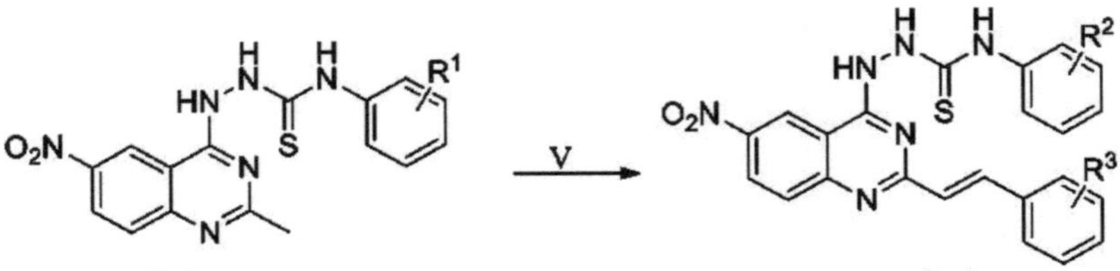

**5a-j** **6a-j**

Reagentes e condições: (I) acetamida, DMF, refluxo; (II) $POCl_3$, TEA, refluxo; (III) hidrato de hidrazina, etanol, refluxo; (IV) isotiocianato de arilo, THF anidro, refluxo; (V) aldeído de arilo, ácido acético glacial, refluxo.

Onde,

| Compound | $R^1$ |
|---|---|
| 5a | -H |
| 5b | 2-Cl |
| 5c | 3-Cl |
| 5d | 4-Cl |
| 5e | 2-$CH_3$ |
| 5f | 3-$CH_3$ |
| 5g | 4-$CH_3$ |
| 5h | 2-F |
| 5i | 3-F |
| 5j | 4-F |

| Compound | $R^3$ | $R^2$ |
|---|---|---|
| 6a | -H | -H |
| 6b | 2-$NO_2$ | -H |
| 6c | 3-$NO_2$ | -H |
| 6d | 4-$NO_2$ | -H |
| 6e | 2-Cl | -H |
| 6f | 3-Cl | -H |
| 6g | 4-Cl | -H |
| 6h | 2-$CH_3$ | -H |
| 6i | 3-$CH_3$ | -H |
| 6j | 4-$CH_3$ | -H |

# Experimental

## *2-metil-6-nitroquinazolina-4-ol (**2**)*

Uma mistura de ácido 5-nitro-antranílico (5 g, 0,0275 mol) e acetamida (1,62 g, 0,0275 mol) em 25 mL de *N,*N-dimetilformamida (DMF) foi aquecida a refluxo sob azoto durante 2 h. O progresso da reação foi monitorizado por TLC utilizando hexano:acetato de etilo (3:2) como eluente. Após a conclusão da reação, a massa reacional foi arrefecida até 25 °C e colocada em gelo picado. O produto foi extraído com clorofórmio (2x25 mL). A camada orgânica foi lavada com água. Destilou-se o solvente da camada orgânica sob *vácuo* para obter o composto **(2)**.

Sólido branco, rendimento: 80%, mp 78-81 °C.

## *4-Cloro-2-metil-6-nitroquinazolina (**3**)*

Uma mistura de 2-metil-6-nitroquinazolin-4-ol (**2**) (5 g, 0,02438 mol) e

A trietilamina (2,5 g, 0,02438 mol) foi arrefecida até 5 °C e, em seguida, adicionou-se gota a gota POCl3 (11,2 g, 0,0731 mol, 3,0 mol eq.) mantendo a temperatura a 37 °C. Aquecer a massa reacional até ao refluxo durante 1 h. O progresso da reação foi monitorizado por TLC utilizando hexano:acetato de etilo (4:1) como eluente. Após a conclusão da reação, a massa reacional foi arrefecida até 25 °C e colocada em gelo picado. O produto foi extraído com clorofórmio (2x25 mL). A camada orgânica foi lavada com água, seca sobre sulfato de sódio e, em seguida, o solvente foi destilado sob *vácuo* para obter o composto do título (**3**).

Sólido branco, rendimento: 75%, mp 142-144 °C.

*4-Hidrazinil-2-metil-6-nitroquinazolina (**4**)*

A uma solução agitada de 4-cloro-2-metil-6-nitroquinazolina (**3**) (5 g, 0,0224 mol) em etanol (25 mL) adicionou-se lentamente hidrato de hidrazina (1,23 g, 0,0246 mol, 1,1 mol eq.) à temperatura ambiente. A massa reacional foi aquecida a refluxo durante 4 h. O progresso da reação foi monitorizado por TLC utilizando hexano:acetato de etilo (1:1) como eluente. Após a conclusão da reação, a massa reacional foi arrefecida até 25 °C e colocada em gelo picado. O produto foi extraído com clorofórmio (2x25 mL). A camada orgânica foi lavada com água, seca sobre sulfato de sódio e, em seguida, o solvente foi destilado sob *vácuo* para obter o composto do título (**4**).

Sólido branco, rendimento: 60%, mp 208-210 °C.

*Procedimento sintético geral para o composto **5a-j***

A uma solução agitada de **4-hidrazinil-2-metil-6-nitroquinazolina** (**4**) (5 g, 0,0228 mol) em 10 mL de tetra-hidrofurano anidro (THF), foi adicionada uma solução de isotiocianato de arilo apropriado (0,0228 mol) em 15 mL de THF anidro e agitada a 40 °C durante 1 hora. Em seguida, a temperatura foi gradualmente aumentada até ao refluxo durante 5-6 h. O progresso da reação foi monitorizado por TLC utilizando tolueno: acetona (8:2) como eluente. O solvente da mistura reacional foi destilado sob pressão reduzida. O produto remanescente foi recolhido e lavado com água, seco e recristalizado a partir de acetato de etilo para obter o composto de título **5a-j**.

> **Dados do espetro de IV para *N-(3-Fluorofenil)-2-(2-metil-6-nitroquinazolina-4-il)hidrazinacarbotiamida*** (**5i**)

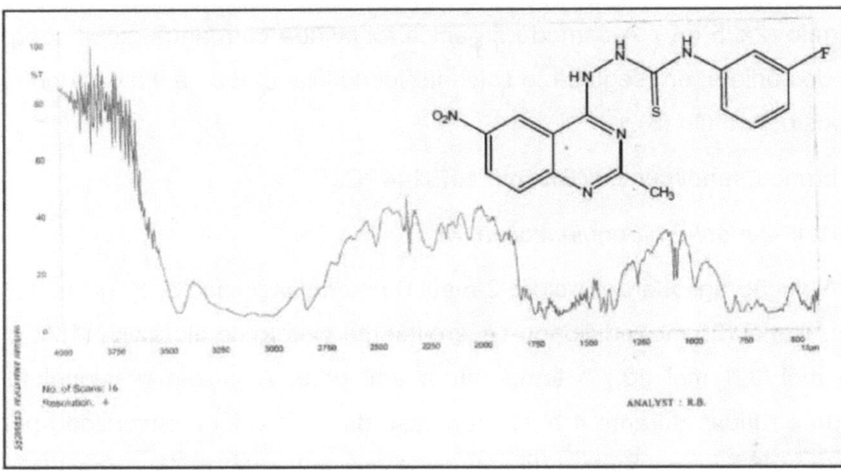


| IR(KBr): | 1495 cm $^{1}$ | deformação assimétrica do grupo metilo em quinazolina |
|---|---|---|
| | 1569 cm $^{1}$ | -C=S- Estiagem - NH-CS |
| | 3344 cm $^{1}$ | -NH-Estiramento em NH-NH |
| | 3422 cm$^{1}$ | estiramento de -NH em NH-CH |
| | 3276 cm$^{1}$ | estiramento de -NH em-CS-NH |
| | 1565 cm$^{1}$ | deformação do -NO2 no anel quinazolina |
| | 1352 cm $^{1}$ | Estiramento N-C-N no anel quinazolina |

| | 985 cm[1] | estiramento -C-F no anel aromático |
|---|---|---|

> **Dados do espetro de RMN de $^1H$ para *N-(3-Fluorofenil)-2-(2-metil-6-nitroquinazolin-4-yl)hidrazinacarbotiamida* (5i)**

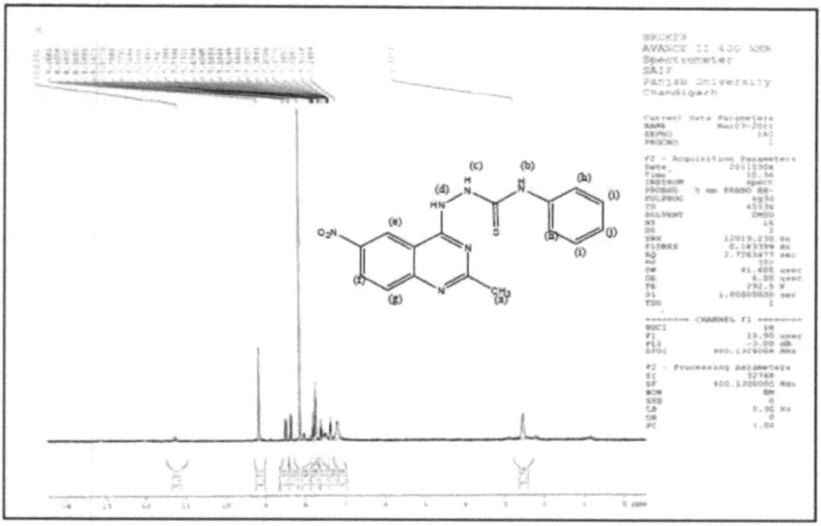

| Não. | Química Deslocação (δ ppm) | Número de protões | Multiplicidade | Atribuir-meut |
|---|---|---|---|---|
| 1 | 2.72 | 3 | Siiiglet | AT-CHJ em a |
| 2 | 11.22 | 1 | Singlet | -NH em b |
| 3 | 9.16 | 1 | S inglet | -NH a c |
| 4 | 7.19 | 1 | S inglet | -NH em d |
| 5 | 7.1-8.49 | 8 | Múltiplos | Ai-H em e,f,g,h,i,j |

*Procedimento sintético geral para o composto **6a-j***

Uma mistura de 2-(2-metil-6-nitroquinazolin-4-il)-N-fenil-hidrazinacarbotiamida (**5a**) (5 g, 0,0141 mol) e aldeído de arilo apropriado (0,0141 mol) em 25 mL de ácido acético glacial foi refluxada durante 5-6 h. O progresso da reação foi monitorizado por TLC usando tolueno: acetona (8:2) como eluente. Após a conclusão da reação, a massa reacional foi arrefecida a 25 °C, o sólido foi filtrado, lavado com metanol e seco. O produto em bruto foi purificado por recristalização a partir de álcool absoluto para obter o composto **6a-j**.

*2-(6-Nitro-2-estirilquinazolina-4-il)-N-fenil-hidrazinacarbotiamida (**6a**)*

Sólido branco, rendimento: 65%, mp 109-113 °C. IV (KBr, $cm^{-1}$): 3075 (cadeia CH aromática), 1499 (deformação assimétrica de $-CH_3$), 3357 (cadeia Ar-NH), 3432 (cadeia -NH), 3287 (cadeia -NH), 1569 (deformação de -NO2), 1428 (-CH=CH- str. em estirilo). $^{1}H$ RMN (400 MHz, DMSO) δ 10.90(s, 1H), 8.44 (s, 1H), 8.33 (s, 1H), 8.13 (d, 1H), 8.11 (d, 1H), 8.71-6.87 (m, 13H); $^{13}C$ NMR (100 MHz, DMSO) δ 180.44, 165.58, 159.89, 150.15, 146.63, 141.45, 135.36, 129.82, 129.19, 128.53, 128.13, 127.63, 126.85, 124.35, 123.44, 122.75, 116.33. Anal. Calcdpara $C_{23}H_{18}N_6O_2S$: C, 62,43; H, 4,10; N, 18,99. Encontrado: C, 62,45; H, 4,14; N, 18,95. m/z (M+1) : 443,12.

*2-(6-Nitro-2-(2-nitrostyryl)quinazolin-4-yl)-N-fenil-hidrazinecarbotiamida (**6b**)*

Sólido branco, rendimento: 70 %, mp 97-101 °C. IV (KBr, $cm^{-1}$): 3077 (cadeia CH aromática), 1490 (deformação assimétrica de $-CH_3$), 3355 (cadeia Ar-NH), 3430 (cadeia -NH), 3285 (cadeia -NH), 1565 (deformação de -NO2), 1424 (cadeia -CH=CH- em estirilo). $^{1}H$ RMN (400 MHz, DMSO) δ 10,47 (s, 1H), 9,26 (d, 1H), 9,11 (s, 1H), 8,30 (dd, 1H), 8,22 (d, 1H), 8,17 - 8.03 (m, 2H), 7.92 - 7.82 (m, 2H), 7.75-7.63 (m, 1H), 7.63 - 7.50 (m, 3H), 7.46 - 7.31 (m, 2H), 7.20 - 7.10 (m, 2H). $^{13}C$ RMN (100 MHz, DMSO) δ 180.66, 165.32, 159.42, 150.50, 148.64, 146.43, 141.13, 132.77, 132.08, 131.45, 129.22, 129.55, 129.54, 128.47, 128.11, 127.13, 126.46, 123.35, 122.47, 122.15, 116.77. Anal. Calcd para $C_{23}H_{17}N_7O_4S$: C, 56,67; H, 3,51; N, 20,11. Encontrado: C, 56,69; H, 3,55; N, 20,05. m/z (M+1) : 488,11.

*2-(6-Nitro-2-(3-nitrostyryl)quinazolin-4-yl)-N-fenil-hidrazinecarbotiamida (**6c**)*

Sólido branco, rendimento: 66 %, p.f. 90-94 °C. IR (KBr, $cm^{-1}$): 3073 (cadeia CH aromática), 1510 (deformação assimétrica de $-CH_3$), 3360 (cadeia Ar-NH), 3439 (cadeia -NH), 3297 (cadeia -NH), 1579 (deformação de -NO2), 1438 (cadeia -CH=CH- em estirilo).$^{1}$H RMN (400 MHz, DMSO) δ 10.33 (s, 1H), 9.10 (s, 1H), 9.01 (d, 1H), 8.55 - 8.42 (m, 2H), 8.33 - 8.13 (m, 3H), 7.85-7.76 (m, 1H), 7.70 (t, 1H), 7.63 - 7.48 (m, 3H), 7.46 - 7.36 (m, 2H), 7.30 - 7.19 (m, 1H), 7.12-7.04 (m, 1H). $^{13}$C RMN (100 MHz, DMSO) δ 180.35, 165.73, 159.46, 150.16, 147.83, 146.43, 141.15, 138.46, 135.16, 133.72, 129.15, 129.02, 128.20, 127.83, 126.15, 124.55, 123.86, 123.38, 122.16, 122.06, 116.78. Anal. Calcd para $C_{23}H_{17}N_7O_4S$: C, 56,67; H, 3,51; N, 20,11. Encontrado: C, 56,66; H, 3,53; N, 20,12. m/z (M+1) : 488,11.

*2-(6-Nitro-2-(4-nitrostyryl)quinazolin-4-yl)-N-fenil-hidrazinecarbotiamida (**6d**)*

Sólido branco, rendimento: 69 %, mp 100-104 °C. IR (KBr, $cm^{-1}$): 3079 (cadeia CH aromática), 1490 (deformação assimétrica de $-CH_3$), 3355 (cadeia Ar-NH), 3430 (cadeia -NH), 3280 (cadeia -NH), 1560 (deformação de -NO2), 1420 (cadeia -CH=CH- em estirilo). $^{1}$H RMN (400 MHz, DMSO) δ 10,69 (s, 1H), 9,30 (d, 1H), 8,60 (dd, 1H), 8,51 (s, 1H), 8,45 - 8,36 (m, 2H), 8.29 (d, 1H), 8.13 (s, 1H), 8.10 - 7.99 (m, 2H), 7.66 - 7.52 (m, 4H), 7.46 - 7.37 (m, 2H), 7.21-7.10 (m, 1H). $^{13}$C RMN (100 MHz, DMSO) δ 180,26, 165,38, 159,57, 150,48, 147,15, 146,86, 141,46, 136,35, 135,61, 129,22, 128,77, 127,68, 127,41, 126,82, 124,93, 124,55, 123,43, 122,35, 116,58. Anal. Calcd para $C_{23}H_{17}N_7O_4S$: C, 56,67; H, 3,51; N, 20,11. Encontrado: C, 56,65; H, 3,54; N, 20,16. m/z (M+1) : 488,11.

*2-(2-(2-Cloro-estirilo)-6-nitroquinazolina-4-il)-N-fenil-hidrazinacarbotiamida (**6e**)*

Sólido branco, rendimento: 70 %, p.f. 130-134 °C. IR (KBr, $cm^{-1}$): 3075 (cadeia CH aromática), 1480 (deformação assimétrica de $-CH_3$), 3340 (cadeia Ar-NH), 3420 (cadeia -NH), 3260 (cadeia -NH), 1560 (deformação de -NO2), 1410 (cadeia -CH=CH- em estirilo), 730 (cadeia C-Cl). $^{1}$H RMN (400 MHz, DMSO) δ 10,48 (s, 1H), 9,52 (d, 1H), 9,18 (s, 1H), 8,63 (dd, 1H), 8,46 (d, 1H), 8,22 (s,

1H), 7,68 - 7,55 (m, 5H), 7,48 - 7,33 (m, 3H), 7,26 (d, 1H), 7,20 - 7,11 (m, 2H). [13]C RMN (100 MHz, DMSO) δ 180,86, 165,37, 159,46, 150,29, 146,44, 141,93, 133,18, 133,01, 131,86, 130,27, 129.46, 129.22, 128.52, 128.11, 127.53, 127.47, 126.37, 123.48,

123.43, 122.55, 116.95. Anal. Calcd para $C_{23}H_{17}ClN_6O_2S$: C, 57,92; H, 3,59; N, 17,62. Encontrado: C, 57,95; H, 3,57; N, 17,65. m/z (M+1) : 477,09.

*2-(2-(3-Cloro-estirilo)-6-nitroquinazolina-4-il)-N-fenil-hidrazinacarbotiamida (**6f**)*

Sólido branco, rendimento: 64 %, p.f. 140-144 °C. IR (KBr, $cm^{-1}$): 3432 (-NH str. in - NH-CH), 3357 ((-NH str. in -NH-NH), 3287 ((-NH str. in -NH-CS), 1559 (deformação $NO_2$ no anel quinazolina), 1499 (deformação assimétrica do grupo metilo na quinazolina), 1428 (-CH=CH- stretching no estirilo), 730 (-C-Cl stretching no anel aromático); [1]H NMR (400 MHz, DMSO) δ 10.48 (d, 2H), 9.35 (d, J 1H), 8.56 (dd, 1H), 8.22 (d, 1H), 8.10 (s, 1H), 7.71 (t, 1H), 7.56-7.49 (m, 3H), 7.50 - 7.34 (m, 6H), 7.09-7.01 (m, 1H). [13]C RMN (100 MHz, DMSO) δ 180,31, 165,61, 159,79, 150,10, 146,53, 141,43, 136,90, 135,98, 135,30, 130,17, 129,41, 128,95, 128,29, 127,44, 127,29, 126,91, 126,20, 124,43, 123,53, 122,90, 116,81. Anal. Calcd para $C_{23}H_{17}ClN_6O_2S$: C, 57,92; H, 3,59; N, 17,62. Encontrado: C, 57,94; H, 3,57; N, 17,65. m/z (M+1) : 477,09.

*2-(2-(4-Cloro-estirilo)-6-nitroquinazolina-4-il)-N-fenil-hidrazinacarbotiamida (**6g**)*

Sólido branco, rendimento: 75 %, p.f. 134-138 °C. IR (KBr, $cm^{-1}$): 3070 (cadeia CH aromática), 1487 (deformação assimétrica de $-CH_3$), 3348 (cadeia Ar-NH), 3429 (cadeia -NH), 3267 (cadeia -NH), 1564 (deformação de -NO2), 1419 (cadeia -CH=CH- em estirilo), 739 (cadeia C-Cl.).[1]H RMN (400 MHz, DMSO-d6) δ 10,73 (s, 2H), 9,28 (d, 1H), 8,29 (dd, 1H), 8,18 (d, 1H), 8,09 (s, 1H), 7,69 - 7,50 (m, 4H), 7,44 - 7,29 (m, 6H), 7,20-7,09 (m, 1H). [13]C RMN (100 MHz, DMSO) δ 180,46, 165,19, 159,42, 150,35, 146.71, 141.25, 135.85, 134.16, 132.98, 129.46, 129.15, 128.82, 128.30, 127.71, 126.31, 124.46,

123.47, 122.58, 116.25. Anal. Calcd para $C_{23}H_{17}ClN_6O_2S$: C, 57,92; H, 3,59; N, 17,62. Encontrado: C, 57,98; H, 3,55; N, 17,67. m/z (M+1) : 477,09.

*2-(2-(2-Metilestiril)-6-nitroquinazolina-4-il)-N-fenil-hidrazinacarbotiamida* ***(6h)***

Sólido branco, rendimento: 73 %, p.f. 120-124 °C. IR (KBr, $cm^{-1}$): 3071 (cadeia CH aromática), 1481 (deformação assimétrica de $-CH_3$), 3343 (cadeia Ar-NH), 3424 (cadeia -NH), 3265 (cadeia -NH), 1567 (deformação de -NO2), 1418 (cadeia -CH=CH- em estirilo). $^1$H RMN (400 MHz, DMSO) δ 10,67 (s, 1H), 9,82 (s, 1H), 9,39 (d, 1H), 8,61 (dd, 1H), 8,32 (d, 1H), 8,22 (s, 1H), 7,60 - 7,50 (m, 2H), 7,46 - 7,10 (m, 8H), 6,99-6,89 (m,1H), 2.23(d, 3H). $^{13}$C RMN (100 MHz, DMSO) δ 180,37, 165,82, 159,92, 150,64, 146,45, 141,12, 137,25, 135,46, 133.16, 129.83, 129.14, 128.44, 128.30, 127.42, 127.18, 126.25, 125.30, 123.47, 122.49, 120.82, 116.19, 19.37. Anal. Calcd para $C_{24}H_{20}N_6O_2S$: C, 63,14; H, 4,42; N, 18,41. Encontrado: C, 63,18; H, 4,40; N, 18,45. m/z (M+1) : 457,14.

*2-(2-(3-Metilestiril)-6-nitroquinazolina-4-il)-N-fenil-hidrazinacarbotiamida* ***(6i)***

Sólido branco, rendimento: 62 %, p.f. 145-149 °C. IR (KBr, $cm^{-1}$): 3085 (cadeia CH aromática), 1482 (deformação assimétrica de $-CH_3$), 3349 (cadeia Ar-NH), 3435 (cadeia -NH), 3260 (cadeia -NH), 1562 (deformação de -NO2), 1410 (cadeia -CH=CH- em estirilo). $^1$H RMN (400 MHz, DMSO) δ 10,98 (s, 1H), 9,96 (s, 1H), 9,48 (d, 1H), 8,63 (dd, 1H), 8,29 (d, 1H), 8.26 (s, 1H), 7.60 - 7.41 (m, 3H), 7.39 - 7.25 (m, 5H), 7.21 - 7.18 (m, 2H), 6.98-6.89 (m, 1H), 2.45 (t, 3H). $^{13}$C NMR (100 MHz, DMSO) δ 180.27, 165.18, 159.45, 150.47, 146.72, 141.43, 138.46, 136.72, 135.77, 130.10, 29.42, 129.76, 129.46, 128.16, 127.16, 126.76, 124.89, 124.13, 123.46, 122.76, 116.64, 21.64. Anal. Calcd para $C_{24}H_{20}N_6O_2S$: C, 63,14; H, 4,42; N, 18,41. Encontrado: C, 63,10; H, 4,45; N, 18,37. m/z (M+1) : 457,14.

*2-(2-(4-Metilestiril)-6-nitroquinazolina-4-il)-N-fenil-hidrazinacarbotiamida* ***(6j)***

Sólido branco, rendimento: 69 %, p.f. 128-132 °C. IR (KBr, $cm^{-1}$): 3081 (cadeia

CH aromática), 1492 (deformação assimétrica de $-CH_3$), 3341 (cadeia Ar-NH), 3449 (cadeia -NH), 3269 (cadeia -NH), 1572 (deformação de -NO2), 1417 (cadeia -CH=CH- em estirilo). $^1H$ RMN (400 MHz, DMSO) δ 10,62 (s, 1H), 10,78 (s, 1H), 9,46 (d, 1H), 8,87 (dd, 1H), 8,40 (d, 1H), 8.23 (s, 1H), 7.75 - 7.60 (m, 4H), 7.55 - 7.40 (m, 4H), 7.35 - 7.23 (m, 2H), 7.19-7.10 (m, 1H), 2.60 (d, 3H). $^{13}C$ RMN (100 MHz, DMSO) δ 180,85, 165,45, 159,48, 150,48, 146,14, 141,43, 138,82, 135,40, 131,15, 129,22, 129,02, 128,64, 128,41, 127,25, 126,62, 124,42, 123,65, 122,86, 116,75, 21,53. Anal. Calcd para $C_{24}H_{20}N_6O_2S$: C, 63,14; H, 4,42; N, 18,41. Encontrado: C, 63,10; H, 4,45; N, 18,44. m/z (M+1) : 457,14.

> **Dados do espetro de IV da *2-(2-(3-cloro-estiril)-6-nitroquinazolina-4-il)-N-fenil-hidrazinacarbotiamida* (6f)**

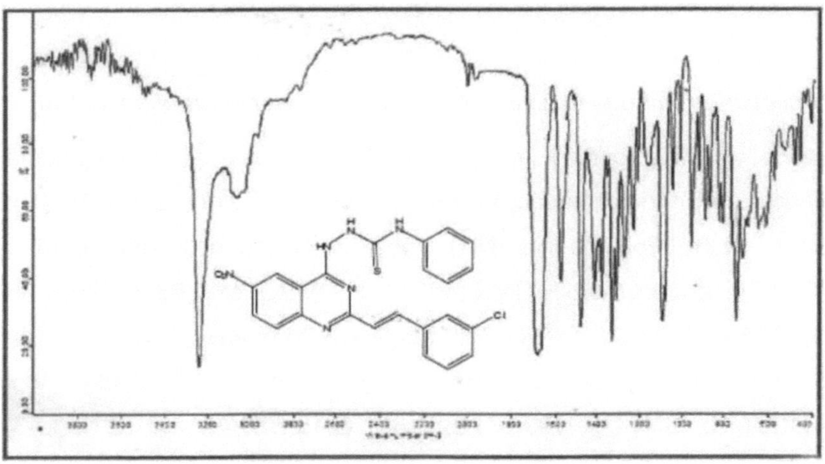

| IR(KBr): | 1499 cm"1 | deformação asynı do grupo metilo em quinazolina |
|---|---|---|
| | 3357 cm'1 | estiramento de -NH em -NH-NH |
| | 3432 cm"1 | estiramento de -NH em -NH-CH |
| | 32 S7 cm'1 | estiramento de -NH em -NH-CS |
| | 1559 cm"1 | -NO2 deforma non no anel quinazolina |

| | | |
|---|---|---|
| | 1359 cm"1 | Estiramento N-C-N no anel quinazolina |
| | 142S cm'1 | estiramento -CH=CH- em estirilos |
| | 730 cm"1 | estiramento -C-Cl no anel aromático |

> **1H NMR de de** ***2-(6-Nitro-2-styrylquinazolin-4-yl)-N-fenil-hidrazinacarbotiamida*** **(6a)**

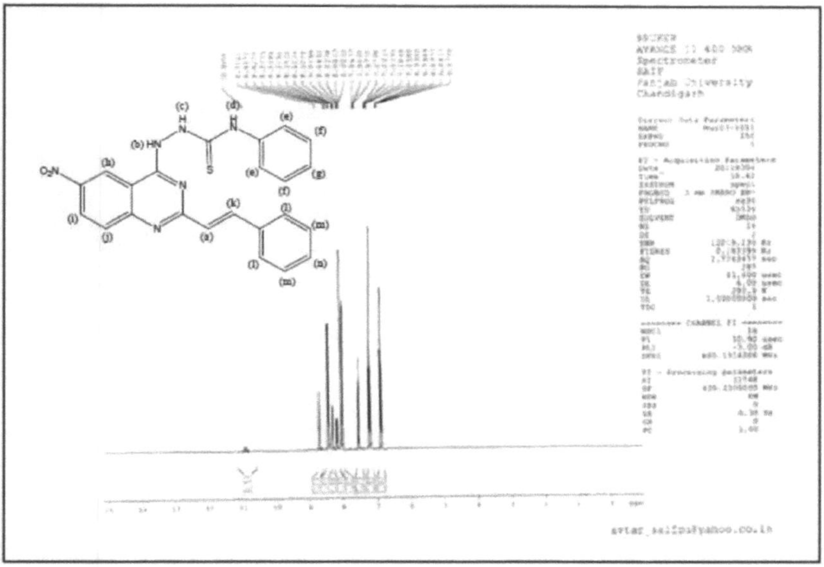

| N©. | Desvio químico (δ ppm) | Número de Prot<m(s) | Multiplicidade | Atribuição |
|---|---|---|---|---|
| 1 | SII | 1 | dupleto | Ai-C H em a |
| 2 | S.13 | 1 | dupleto | Ar- CH em к |
| 3 | 10.9 | 1 | Singlet | -XH em b |
| 4 | S.33 | 1 | Singlet | -NH a c |
| 5 | S.44 | 1 | Singlet | -XH em d |
| б | 6.87-8.71 | 13 | Múltiplos! | Ar-H em e,tg,h,ij,l,mm, |

## Avaliação da atividade farmacológica

Todos os derivados recentemente sintetizados (**5a-j** e **6a-j**) foram examinados quanto à atividade antimicrobiana contra cinco estirpes bacterianas (*Staphylococcus aureus* MTCC 96, *Bacillus cereus* MTCC 430, *Escherichia coli* MTCC 739, *Pseudomonas aeruginosa* MTCC 741, *Klebsiella pneumonia* MTCC 109), quatro estirpes fúngicas (*Aspergillus niger* MTCC 282, *Aspergillus fumigatus* MTCC 343, *Aspergillus clavatus* MTCC 1323, *Candida albicans* MTCC 183) utilizando o método de diluição em ágar. A ciprofloxacina e o cetoconazol foram utilizados como medicamento de controlo padrão para a atividade antibacteriana e antifúngica, respetivamente. A atividade antituberculose também foi realizada para todos os compostos contra a estirpe *Mycobacterium tuberculosis* **H37Rv** pelo método BACTEC MGIT (Isenberg, 1992) e Lowenstein-Jensen MIC (Anargyros et al., 1990) utilizando a isoniazida, a rifampicina, o etambutol e a pirazinamida como medicamentos de controlo padrão.

**Quadro 1** Atividade antibacteriana *in vitro* dos compostos **5a-j** e **6a-j** recentemente sintetizados

| | | CIM (µg/mL) | | | | |
|---|---|---|---|---|---|---|
| **Entrada** | **Log P** | ***S.a*** | ***B.c*** | ***E.c*** | ***P.a*** | ***K.p*** |
| **5a** | 3.17 | 200 | *50* | 100 | *25* | 100 |
| **5b** | 3.79 | 100 | 200 | 50 | 200 | 6.25 |
| **5c** | 3.79 | 25 | 100 | **3.12** | 25 | 50 |
| **5d** | 3.79 | 50 | 12.5 | 6.25 | 100 | 25 |
| **5e** | 3.58 | 12.5 | 50 | 25 | 6.25 | 200 |
| **5f** | 3.58 | **3.12** | 200 | 25 | 50 | 12.5 |
| **5g** | 3.58 | 100 | 25 | 50 | 200 | 100 |
| **5h** | 3.30 | 25 | 25 | 100 | 50 | 25 |
| **5i** | 3.30 | 50 | 6.25 | 200 | 100 | 50 |
| **5j** | 3.30 | 6.25 | 100 | 100 | 25 | 12.5 |
| **6a** | 4.93 | 50 | 200 | 25 | 50 | 200 |
| **6b** | 4.89 | 200 | 50 | 100 | 12.5 | 100 |

| | | | | | | |
|---|---|---|---|---|---|---|
| **6c** | 4.89 | 12.5 | 200 | 50 | 200 | 100 |
| **6d** | 4.89 | 100 | 25 | 25 | 100 | 50 |
| **6e** | 5.54 | 25 | 50 | 200 | 6.25 | 6.25 |
| **6f** | 5.54 | 200 | 25 | 100 | 25 | **3.12** |
| **6g** | 5.54 | 50 | 100 | 12.5 | **3.12** | 100 |
| **6h** | 5.34 | 12.5 | 12.5 | 50 | 200 | 12.5 |
| **6i** | 5.34 | 50 | 50 | 25 | 12.5 | 12.5 |
| **6j** | 5.34 | 100 | **3.12** | 6.25 | 100 | 25 |
| Cip. | - | 1.52 | 0.28 | 1.40 | 0.62 | 0.67 |
| DMSO | - | - | - | - | - | - |

O Log P foi calculado utilizando o ChemDraw Ultra, versão 12.0

Cip. ciprofloxacina, *S.a Staphylococcus aureus, B.c Bacillus cereus, E.c Escherichia coli, P.a Pseudomonas aeruginosa, K.p Klebsiella pneumonia.*

**Quadro 2** Atividade antifúngica *in vitro* dos compostos recentemente sintetizados **5a-j** e **6a-j**

| | | **CIM (µg/mL)** | | | |
|---|---|---|---|---|---|
| **Entrada** | **Log P** | ***A.n*** | ***A.f*** | ***A.c*** | ***C.a*** |
| **5a** | 3.17 | *50* | *200* | 100 | *25* |
| **5b** | 3.79 | 200 | 100 | 50 | 200 |
| **5c** | 3.79 | 25 | 50 | 25 | 100 |
| **5d** | 3.79 | 25 | 12.5 | 200 | 50 |
| **5e** | 3.58 | 50 | **3.12** | 50 | 200 |
| **5f** | 3.58 | 100 | 200 | 100 | 50 |
| **5g** | 3.58 | 200 | 50 | 25 | 100 |
| **5h** | 3.30 | 25 | 25 | 100 | 200 |
| **5i** | 3.30 | 25 | 100 | 12.5 | 25 |
| **5j** | 3.30 | 50 | 200 | 200 | 50 |
| **6a** | 4.93 | 100 | 50 | 50 | 200 |
| **6b** | 4.89 | 50 | 200 | 25 | 100 |
| **6c** | 4.89 | 200 | 12.5 | 100 | 200 |
| **6d** | 4.89 | 12.5 | 25 | 200 | 200 |
| **6e** | 5.54 | **3.12** | 100 | 50 | 25 |
| **6f** | 5.54 | 50 | 50 | 50 | 50 |
| **6g** | 5.54 | 100 | 200 | 100 | 200 |

|  |  |  |  |  |  |
|---|---|---|---|---|---|
| **6h** | 5.34 | 25 | 200 | 50 | 100 |
| **6i** | 5.34 | 100 | 25 | 100 | 200 |
| **6j** | 5.34 | 100 | 100 | 200 | 50 |
| Ket. | - | 1.54 | 0.67 | 0.63 | 1.53 |
| DMSO | - | - | - | - | - |

O Log P foi calculado utilizando o ChemDraw Ultra, versão 12.0

Ket. Cetoconazol, *A.n Aspergillus niger, A.f Aspergillus fumigates, A.c Aspergillus clavatus, C.a Candida albicans*

**Quadro 3** Atividade anti-tuberculose *in vitro* dos compostos recentemente sintetizados **5a-j** e **6a-j**

|  |  | Método BACTEC MGIT[a] |  | Método L-J MICa |  |
|---|---|---|---|---|---|
| **Entrada** | **Log P** | **CIM (µg/mL)** | **% Inibição** | **CIM (µg/mL)** | **% Inibição** |
| **5a** | 3.17 | >6.25 | - | >200 | 93 |
| **5b** | 3.79 | >6.25 | - | 100 | 95 |
| **5c** | 3.79 | >6.25 | - | 100 | 95 |
| **5d** | 3.79 | >6.25 | - | 50 | 96 |
| **5e** | 3.58 | >6.25 | - | 25 | 97 |
| **5f** | 3.58 | >6.25 | - | 100 | 95 |
| **5g** | 3.58 | >6.25 | - | **6.25** | 99 |
| **5h** | 3.30 | >6.25 | - | >200 | 93 |
| **5i** | 3.30 | >6.25 | - | 100 | 95 |
| **5j** | 3.30 | >6.25 | - | 50 | 96 |
| **6a** | 4.93 | >6.25 | - | 12.5 | 98 |
| **6b** | 4.89 | >6.25 | - | >200 | 93 |
| **6c** | 4.89 | >6.25 | - | >200 | 93 |
| **6d** | 4.89 | >6.25 | - | >200 | 93 |
| **6e** | 5.54 | >6.25 | - | 100 | 95 |
| **6f** | 5.54 | >6.25 | - | **6.25** | 99 |
| **6g** | 5.54 | >6.25 | - | >200 | 93 |
| **6h** | 5.34 | >6.25 | - | 100 | 95 |
| **6i** | 5.34 | >6.25 | - | 100 | 95 |
| **6j** | 5.34 | >6.25 | - | 100 | 95 |
| Isoniazida | - | 0.25 | 99 | - | - |

| | | | | | |
|---|---|---|---|---|---|
| Rifampicina | - | 0.21 | 99 | - | - |
| Etambutol | - | 3.12 | 99 | - | - |
| Pirazinamida | - | 3.12 | 99 | - | - |

[a] Cada valor é a média de três experiências independentes.

## Resultados e discussão

Neste estudo, duas séries de derivados de quinazolina dotados de motivos tiossemicarbazídicos e/ou estiril foram sintetizadas e avaliadas para atividade antibacteriana, antifúngica e antituberculosa. Entre eles, alguns esqueletos de quinazolina foram considerados muito potentes contra a estirpe microbiana específica de acordo com o seu carácter de lipofilicidade (log P). O carácter de lipofilicidade (log P) também é discutido aqui, uma vez que o valor de log P aumenta, a eficiência do fármaco contra estirpes microbianas também aumenta. Mas nem sempre é assim, ou seja, no caso da atividade antituberculose neste estudo, o composto (**5g**) com um valor de log P de 3,58 (que é inferior ao dos outros) também foi considerado mais potente do que as outras moléculas. Todas as moléculas sintetizadas foram examinadas quanto à eficácia antimicrobiana, que é discutida abaixo.

## Atividade antibacteriana

**A Tabela 1** mostra que todos os compostos sintetizados apresentam atividade antibacteriana boa a moderada, dos quais, o composto (**5f**) com grupo metil doador de elétrons na posição meta do anel fenil exibiu um excelente efeito inibitório contra a cepa bacteriana *S. aureus* MIC 1,52 µg/mL. O derivado de quinazolina tiossemicarbazida com grupo cloro (**5c**) foi considerado altamente potente contra a cepa *E. coli* MIC 1,40 µg/mL. O composto (**6j**) contendo tiossemicarbazida, bem como o motivo estiril substituído pelo grupo metil, foi superior a outros compostos contra a cepa bacteriana *B. cereus* MIC 0,28 µg/mL. Os compostos clorados (**6f** e **6g**) também apresentaram um excelente perfil inibitório contra as cepas bacterianas *K. pneumonia* MIC 0,67 µg/mL e *P. aeruginosa* MIC 0,62 µg/mL, respetivamente. O grupo cloro contendo scaffolds

(**5b** e **5d**) também foram considerados muito ativos contra as cepas *K. pneumonia* MIC 0,67 µg/mL e *E. coli* MIC 1,40 µg/mL, respetivamente. O grupo metil contendo a porção (**5e**) mostrou uma atividade muito boa contra a bactéria *P. aeruginosa* MIC 0,62 µg/mL. O grupo fluoro contendo escafolds de quinazolina (**5i** e **5j**) também foram considerados eficazes contra *B. cereus* MIC 0,28 µg/mL e *S. aureus* MIC 1,52 µg/mL, respetivamente. Os análogos finais (**6i**) com grupo cloro na posição orto da molécula de estirilo foram considerados muito potentes contra as cepas bacterianas, tanto *P. aeruginosa* MIC 0,62 µg/mL e *K. pneumonia* MIC 0,67 µg/mL. O grupo metil doador de elétrons que possui a porção (**6j**) também exibiu uma eficácia muito boa contra a bactéria *E. coli* MIC 1,40 µg/mL.

## Atividade antifúngica

Foram utilizadas quatro estirpes fúngicas para avaliar a atividade antifúngica de todas as estruturas de quinazolina sintetizadas. De todos os derivados, verificou-se que os compostos **5e** e **6e** possuíam um excelente perfil inibitório contra uma estirpe fúngica específica, como se mostra na **Tabela 2**. O composto (**5e**) contendo grupo metil e o composto (**6e**) contendo grupo cloro na posição orto da porção estiril deu atividade superior contra as cepas fúngicas *A. fumigates* MIC 0,67 µg/mL e *A. niger* MIC 1,54 µg/mL, respetivamente. O andaime fluorado (**5i**) também deu boa atividade para a cepa fúngica *A. clavatus* MIC 0,63 µg/mL. Além disso, verificou-se que o grupo de retirada de elétrons (nitro) que possui moieties (**6c** e **6d**) possui perfil inibitório em certa medida contra as cepas fúngicas *A. niger* MIC 1,54 µg/mL e *A. fumigates* MIC 0,67 µg/mL.

## Atividade antituberculose

Todos os análogos sintetizados (**5a-j** e **6a-j**) também foram examinados quanto à sua atividade antimicobacteriana *in vitro* contra a estirpe tuberculosa *M. tuberculosis* **H37Rv**. No início, o método BACTEC MGIT foi usado para avaliar a atividade antituberculose para todas as metades no nível de concentração de 6,25 µg/mL. **A Tabela 3** revelou que nenhum dos compostos foi considerado ativo a este nível de concentração. Por conseguinte, todas as metades foram examinadas mais detalhadamente quanto à atividade antituberculose utilizando o método MIC de Lowenstein-Jensen. A partir do estudo, pode-se afirmar que os análogos contendo o grupo metil (**5g**) e o grupo cloro (**6f**) exibiram uma eficiência antituberculose superior, que é metade da atividade do fármaco padrão Pirazinamida (MIC 3,12 µg/mL) e Etambutol (MIC 3,12 µg^L). O composto (**6a**) com anel fenil não substituído também foi encontrado para possuir efeito inibitório na cepa tuberculosa mencionada.

## Conclusão

Foram sintetizadas duas séries de estruturas de quinazolina dotadas de motivos tiossemicarbazida e estiril foram examinadas quanto à sua atividade antibacteriana, antifúngica e antituberculose. A partir deste estudo, pode concluir-se que o composto que contém o grupo metilo ou cloro terá a maior atividade antibacteriana, antifúngica e antituberculosa. O resumo da presente lição mostra que os análogos finais **5c**, **5f**, **6f**, **6g** e **6j** demonstraram ser mais potentes do que outros contra uma estirpe bacteriana específica. O estudo da eficácia antifúngica indica que algumas das moléculas mencionadas apresentaram um potencial eficaz contra as estirpes fúngicas, entre as quais, mais uma vez, o composto com o grupo metilo (**5e**) e o grupo cloro (**6e**) se revelou altamente ativo contra uma estirpe fúngica específica. O estudo da atividade antituberculose revela que o composto com o grupo metilo (**5g**) e o grupo cloro (**6f**) se revelaram muito eficazes contra a estirpe de micobactérias.

# Conclusão

Esta revisão tentou resumir a importância medicinal dos derivados à base de quinazolina dotados de/sem motivo tiossemicarbazida. Uma biblioteca de novos derivados à base de quinazolina foi sintetizada, caracterizada e avaliada quanto à sua atividade biológica. Estas estruturas privilegiadas representam uma classe de moléculas que actuam como compostos-chave ou precursores para o futuro desenvolvimento de moléculas bioactivas. A exploração química destas moléculas deverá permitir ao químico medicinal descobrir rapidamente novos compostos biologicamente activos numa vasta gama de áreas terapêuticas.

**Outras contribuições do autor para a investigação**

## Artigos de investigação:

1. **Harshad P. Lakum,** Dhruvin R. Shah e Kishor H. Chikhalia; Síntese conveniente de novos congéneres de quinazolina via acoplamento C-N/C-S catalisado por cobre e sua avaliação biológica; ***Journal of Heterocyclic Chemistry***; 2015, DOI 10.1002/jhet.2404.

2. **Harshad P. Lakum**, Dhruvin R. Shah e Kishor H. Chikhalia; Os novos derivados de 3- (iminometil) *-2H-cromen-2-ona* com motivo estrutural de tioureia e piperazina: Justificativa, síntese, avaliação antimicrobiana e anti-TB; ***Cartas em design e descoberta de drogas***, 2015, 12 (4), 324-341 (18).

3. **Harshad P. Lakum**, Dhara V. Desai e Kishor H. Chikhalia; Síntese, caraterização e rastreio antimicrobiano de *s-triazinas* ligadas a estruturas de piperazina ou anilina; ***Heterocyclic Communications***, 2013, 19(5), 351-355.

4. **Harshad P. Lakum**, Dhruvin R. Shah e Kishor H. Chikhalia; Novos *s*-Triazinyl Schiff Base/Chalcone Congeners: Racional, Síntese, Avaliação Antimicrobiana e Anti-TB; ***Cartas Internacionais de Química, Física e Astronomia***; 2014, 19(1), 56-73.

5. Nirali Mewada, Dhruvin shah, **Harshad Lakum**, Kishor H. Chikhalia; Síntese e avaliação biológica de novas entidades aril/heteroaril baseadas em *s-triazina*: Design, lógica e estudo comparativo; ***Jornal da Associação de Universidades Árabes para Ciências Básicas e Aplicadas***, Aceito, DOI: 10.1016/j.jaubas.2014.08.003.

6. Dhruvin shah, **Harshad Lakum**, Kishor H. Chikhalia; Abordagem da reação de Ullmann mediada por cobre e sem ligandos para substitutos de *triazinas*: lógica, síntese e avaliação biológica; ***Heterocyclic communications***, 2014, 20(5), 305-312.

7. Dhruvin shah, **Harshad Lakum**, Kishor H. Chikhalia; Síntese e avaliação antimicrobiana *in vitro* de híbridos de tiazolidinona/chalcona baseados em *s*-

*triazina* substituídos por amina; ***International Letters of Chemistry, Physics and Astronomy***, 2014, 17(2), 207-219.

8. Dhruvin shah, **Harshad Lakum**, Kishor H. Chikhalia; Síntese e avaliação antimicrobiana in vitro de híbridos de tioureia/tiazolidinona/calcona à base de quinazolina substituída por piperazina; ***Russian Journal of Bioorganic Chemistry***, 2015, 41(2), 209-222.

9. Dhruvin shah, **Harshad Lakum**, Kishor H. Chikhalia; Abordagem de acoplamento C-N catalisada por cobre (0) para a síntese de análogos de quinoleína ligados à tioureia usando meios aquosos: Justificativa e estudo biológico; ***Cartas em Química Orgânica***; 2015, 12(4), 237-250.

10. Himanshu R. Prajapati, **Harshad P. Lakum**, Kishor H. Chikhalia; Síntese e atividade antimicrobiana in vitro da 3-(5-((*2-oxo-2H-cromen-* 4-il)tio)-4-fenil-tiazol-2-il)-2-substituída-fenil tiazolidina-4-ona; ***Cartas Internacionais de Química, Física e Astronomia***, 2015, 51, 135-143.

**Trabalhos apresentados em conferências/ Participação em conferências**

1. Participou e apresentou um trabalho no Simpósio Internacional sobre "Tendências recentes na investigação do cancro: From OM to OMICS" em 24 de novembro de 2014, organizado pelo Departamento de Biologia do Cancro, The Gujarat Cancer & Research Institute, New Civil Hospital Campus, Asarwa, Ahmedabad-380016 - Gujarat, Índia.

2. Participou no "HPTLC Training cum Seminar" em 30 de março de 2013, realizado no Departamento de Zoologia, Escola de Ciências, Universidade de Gujarat, Ahmedabad, Gujarat, ÍNDIA.

## Referências

[1] Jiang, Y., China's water scarcity (A escassez de água na China). *Jornal de Gestão Ambiental* **2009,** *90* (11), 3185-3196.

[2] Chen, J., Urbanização rápida na China: Um verdadeiro desafio para a

proteção do solo e a segurança alimentar. *Catena* **2007,** *69* (1), 1-15.

[3] Frank, C.; Werber, D.; Cramer, J. P.; Askar, M.; Faber, M.; an der Heiden, M.; Bernard, H.; Fruth, A.; Prager, R.; Spode, A., Epidemic profile of Shiga-toxin-producing Escherichia coli O104: H4 outbreak in Germany. *New England Journal of Medicine* **2011,** *365* (19), 17711780.

[4] Buchholz, U.; Bernard, H.; Werber, D.; Bohmer, M. M.; Remschmidt, C.; Wilking, H.; Deleré, Y.; an der Heiden, M.; Adlhoch, C.; Dreesman, J., Surto alemão de Escherichia coli O104: H4 associado a rebentos. *New England Journal of Medicine* **2011,** *365* (19), 1763-1770.

[5] Rothschild, B. M.; Martin, L. D.; Lev, G.; Bercovier, H.; Bar-Gal, G. K.; Greenblatt, C.; Donoghue, H.; Spigelman, M.; Brittain, D., Mycobacterium tuberculosis complex DNA from an extinct bison dated 17,000 years before the present. *Clinical infectious diseases* **2001,** *33* (3), 305-311.

[6] Pearce-Duvet, J., The origin of human pathogens: evaluating the role of

a agricultura e os animais domésticos na evolução das doenças humanas. *Biological Reviews* **2006,** *81* (3), 369-382.

[7] Ernst, J. D.; Trevejo-Nunez, G.; Banaiee, N., Genomics and the evolution, pathogenesis, and diagnosis of tuberculosis. *Journal of Clinical Investigation* **2007,** *117* (7), 1738.

[8] Organização Mundial de Saúde. http://www.who.int/mediacentre/factsheets/fs194/en/ (acedido em 17 de julho de 2014).

[9] Centers for Disease Control and Prevention (CDC); Fact Sheet. http://www.cdc.gov/tb/publications/factsheets/drtb/mdrtb.htm (acedido em 17 de julho de 2014).

[10] Mundo Mundial Organização Mundial de Saúde; Ficha Factos N°104.

http://www.who.int/mediacentre/factsheets/fs104/en/ (acedido em 17 de julho de 2014).

[11] MacPherson, D. W.; Gubbins, P. O.; Holtom, P.; Segarra-Newnham57, M. In *POPULATION MOBILITy, GLOBALIZATION, AND ANTIMICROBIAL DRUG RESISTANCE56*, Antibiotic Resistance:: Implications for Global Health and Novel Intervention Strategies: Workshop Summary, National Academies Press: 2010; p 35.

[12] Kunin, C. M., Resistance to antimicrobial drugs-a worldwide calamity (Resistência aos medicamentos antimicrobianos - uma calamidade mundial). *Annals of internal medicine* **1993,** *118* (7), 557-561.

[13] Smith, R. D.; Coast, J., Antimicrobial resistance: a global response (Resistência antimicrobiana: uma resposta global). *Boletim da Organização Mundial de Saúde* **2002,** *80* (2), 126-133.

[14] Laxminarayan, R.; Duse, A.; Wattal, C.; Zaidi, A. K.; Wertheim, H. F.; Sumpradit, N.; Vlieghe, E.; Hara, G. L.; Gould, I. M.; Goossens, H., Antibiotic resistance-the need for global solutions. *The Lancet infectious diseases* **2013,** *13* (12), 1057-1098.

[15] Odonkor, S.; Addo, K., Bacteria resistance to antibiotics: recent trends and challenges (Resistência das bactérias aos antibióticos: tendências e desafios recentes). *Int J Biol Med Res* **2011,** *2* (4), 1204-10.

[16] Livermore, D. M., Antibiotic resistance in staphylococci (Resistência a antibióticos em estafilococos). *International Journal of Antimicrobial Agents* **2000,** *16*, 3-10.

[17] Hiramatsu, K., Vancomycin-resistant Staphylococcus aureus: a new model of antibiotic resistance (Staphylococcus aureus resistente à vancomicina: um novo modelo de resistência aos antibióticos). *The Lancet infectious diseases* **2001,** *1* (3), 147-155.

[18] Passali, D.; Lauriello, M.; Passali, G.; Passali, F.; Bellussi, L., Group A

streptococcus and its antibiotic resistance. *Ata otorhinolaryngologica italica* **2007,** *27* (1), 27.

[19] Weimer, K. E.; Juneau, R. A.; Murrah, K. A.; Pang, B.; Armbruster, C. E.; Richardson, S. H.; Swords, W. E., Divergent mechanisms for passive pneumococcal resistance to β-lactam antibiotics in the presence of Haemophilus influenzae. *Journal of Infectious Diseases* **2011,** *203* (4), 549-555.

[20] Appelbaum, P. C., Antimicrobial resistance in Streptococcus pneumoniae: an overview (Resistência antimicrobiana em Streptococcus pneumoniae: uma visão geral). *Clinical infectious diseases* **1992,** *15* (1), 7783.

[21] Jacobs, M. R.; Bajaksouzian, S.; Zilles, A.; Lin, G.; Pankuch, G. A.; Appelbaum, P. C., Susceptibilidades de Streptococcus pneumoniae e Haemophilus influenzae a 10 agentes antimicrobianos orais com base em parâmetros farmacodinâmicos: 1997 US surveillance study. *Antimicrobial agents and chemotherapy* **1999,** *43* (8), 1901-1908.

[22] Jacobs, M.; Bajaksouzian, S.; Lin, G.; Zilles, A.; Pankuch, G.; Appelbaum, P. In *Susceptibility of Streptococcus pneumoniae, Haemophilus influenzae, and Moraxella catarrhalis to oral agents: results of a 1998 US outpatient surveillance study*, 39th Interscience Conference on Antimicrobial Agents and Chemotherapy, 1999.

[23] Tristram, S.; Jacobs, M. R.; Appelbaum, P. C., Antimicrobial resistance in Haemophilus influenzae (Resistência antimicrobiana em Haemophilus influenzae). *Clinical Microbiology Reviews* **2007,** *20* (2), 368-389.

[24] Perfect, J. R.; Lang, S.; Durack, D. T., Comparison of cotrimoxazole, ampicillin, and chloramphenicol in treatment of experimental Haemophilus influenzae type B meningitis. *Antimicrobial agents and chemotherapy* **1980,** *17* (1), 43-48.

[25] Song, J.-H.; Jung, S.-I.; Ko, K. S.; Kim, N. Y.; Son, J. S.; Chang, H.-H.; Ki,

H. K.; Oh, W. S.; Suh, J. Y.; Peck, K. R., High prevalence of antimicrobial resistance among clinical Streptococcus pneumoniae isolates in Asia (an ANSORP study). *Antimicrobial agents and chemotherapy* **2004,** *48* (6), 2101-2107.

[26] Dutta, S.; Ghosh, A.; Ghosh, K.; Dutta, D.; Bhattacharya, S. K.; Nair, G. B.; Yoshida, S.-i., Newly emerged multiple-antibiotic-resistant Shigella dysenteriae type 1 strains in and around Kolkata, India, are clonal. *Journal of clinical microbiology* **2003,** *41* (12), 5833-5834.

[27] Rowe, B.; Ward, L. R.; Threlfall, E. J., Multidrug-resistant Salmonella typhi: a worldwide epidemic. *Clinical infectious diseases* **1997,** *24* (Supplement 1), S106-S109.

[28] Diarrassouba, F.; Diarra, M. S.; Bach, S.; Delaquis, P.; Pritchard, J.; Topp, E.; Skura, B. J., Antibiotic resistance and virulence genes in commensal Escherichia coli and Salmonella isolates from commercial broiler chicken farms. *Journal of Food Protection®* **2007,** *70* (6), 13161327.

[29] Briggs, C. E.; Fratamico, P. M., Molecular characterization of an antibiotic resistance gene cluster of Salmonella typhimuriumDT104. *Antimicrobial agents and chemotherapy* **1999,** *43* (4), 846-849.

[30] Kulwichit, W.; Chatsuwan, T.; Unhasuta, C.; Pulsrikarn, C.; Bangtrakulnonth, A.; Chongthaleong, A., Drug-resistant nontyphoidal Salmonella bacteremia, Tailândia. *Emerg Infect Dis* **2007,** *13* (3), 501-2.

[31] Hoge, C. W.; Gambel, J. M.; Srijan, A.; Pitarangsi, C.; Echeverria, P., Trends in antibiotic resistance among diarrheal pathogens isolated in Thailand over 15 years. *Clinical infectious diseases* **1998,** *26* (2), 341345.

[32] Grange, J., Drug resistance and tuberculosis elimination (Resistência aos medicamentos e eliminação da tuberculose). *Boletim da União Internacional contra a Tuberculose e as Doenças Pulmonares* **1990,** *65* (2-3), 57.

[33] Howard, W.; Maresh, F.; Mueller, E.; YANNIXELLI, S.; Woodruff, C., O

papel da cavitação pulmonar no desenvolvimento da resistência bacteriana à estreptomicina. *American Review of Tuberculosis and Pulmonary Diseases* **1949,** *59* (4), 391-401.

[34] Howlett Jr, K. S.; O'CONNOR, J.; Sadusk Jr, J.; Swift Jr, W.; Beardsley, F., Sensitivity of Tubercle Bacilli to Streptomycin. The Influence of various Factors upon the Emergence of Resistant Strains (A influência de vários factores no aparecimento de estirpes resistentes). *American Review of Tuberculosis and Pulmonary Diseases* **1949,** *59* (4), 402-14.

[35] Crofton, J.; Mitchison, D., Streptomycin resistance in pulmonary tuberculosis. *British Medical Journal* **1948,** *2* (4588), 1009.

[36] Mitchison, D., Development of Streptomycin Resistant Strains of Tubercle Bacilli in Pulmonary Tuberculosis Results of Simultaneous Sensitivity Tests in Liquid and on Solid Media (Desenvolvimento de estirpes de bacilos da tuberculose resistentes à estreptomicina na tuberculose pulmonar - resultados de testes de sensibilidade simultâneos em meios líquidos e sólidos). *Thorax* **1950,** *5* (2), 144161.

[37] Organização Mundial da Saúde, W. H., *Global tuberculosis control: Relatório da OMS 2010*. Organização Mundial de Saúde: 2010.

[38] Wohler, F.; Liebig, J. v., Untersuchungen uber die Natur der Harnsaure. *Ann Pharm* **1838,** *26*, 241-340.

[39] Brugnatelli, L., SUR unAcide nouveau obtenu en traitantl'acideuriqueparl'acidenitrique. *Ann Chim* **1818,** *8* (2), 201-206.

[40] Perkin, W., XXIX - Sobre alguns novos derivados bromados da cumarina. *Journal of the Chemical Society* **1870,** *23*, 368-371.

[41] Eicher, T.; Hauptmann, S., Edição II,'The Chemistry of Heterocycles: Structure, Reactions, Syntheses, and Applications". Wiley-VCH, ISBN 3527307206: 2003.

[42] Eicher, T.; Hauptmann, S.; Speicher, A., Five-Membered Heterocycles:

Secções 5.1-5.21. *A Química dos Heterociclos: Structure, Reactions, Syntheses, and Applications, Second Edition* **2003**, 52-121.

[43] Yanagimoto, K.; Lee, K.-G.; Ochi, H.; Shibamoto, T., Antioxidative activity of heterocyclic compounds found in coffee volatiles produced by Maillard reaction. *Journal of Agricultural and Food Chemistry* **2002,** *50* (19), 5480-5484.

[44] Sunel, V.; Popa, M.; Dumitriu, C. L.; Ciobanu, A.; Bunia, I.; Popa, A. A., Compostos heterocíclicos com potencial atividade biológica acoplados a poli (anidrido maleico-acetato de sal e vinilo). *Reactive and Functional Polymers* **2005,** *65* (3), 367-380.

[45] Lakum, H. P.; Desai, D. V.; Chikhalia, K. H., Síntese, caraterização e triagem antimicrobiana de s-triazinas ligadas a piperazina ou anilina andaimes. *Comunicações Heterocíclicas* **2013,** *19* (5), 351-355.

[46] Lakum, H. P.; Shah, D. R.; Chikhalia, K. H., Síntese conveniente de novos congéneres de quinazolina via acoplamento C-N/C-S catalisado por cobre e sua avaliação biológica. *Jornal de Química Heterocíclica* **2015**.

[47] P Lakum, H.; R Shah, D.; H Chikhalia, K., Os novos derivados de 3-(iminometil)-2H-cromen-2-ona com motivo estrutural de tioureia e piperazina: Justificativa, síntese, avaliação antimicrobiana e anti-TB. *Cartas em Design e Descoberta de Drogas* **2015,** *12* (4), 324-341.

[48] Mewada, N. S.; Shah, D. R.; Lakum, H. P.; Chikhalia, K. H., Síntese e avaliação biológica de novas entidades aril/heteroaril baseadas em s-triazina: Design, racionalidade e estudo comparativo. *Jornal da Associação de Universidades Árabes para Ciências Básicas e Aplicadas* **2014**.

[49] R Shah, D.; P Lakum, H.; H Chikhalia, K., Abordagem de acoplamento CN catalisada por cobre (0) para a síntese de análogos de quinoleína ligados à tioureia utilizando meios aquosos: Justificativa e estudo biológico. *Cartas em Química Orgânica* **2015,** *12* (4), 237-250.

[50] Shah, D.; Lakum, H.; Chikhalia, K., Síntese e avaliação antimicrobiana in

vitro de híbridos de tioureia/tiazolidinona/chalcona baseados em quinazolina substituídos por piperazina. *Jornal Russo de Química Bioorgânica* **2015,** *41* (2), 209-222.

[51] Mhaske, S. B.; Argade, N. P., A química de alcalóides de quinazolinona naturais recentemente isolados. *Tetrahedron* **2006,** *62* (42), 9787-9826.

[52] Rashmi, A.; Ashish, K.; Gill, N.; Rana, A., Quinazolinone: Uma visão geral. *Int. Res. J. Pharm.* **2011,** *2* (12), 22-28.

[53] Rajput, R.; Mishra, A. P., A review on biological activity of quinazolinones. *Int. J. Pharm. Pharm. Sci.* **2012,** *4* (2), 66-70.

[54] Kung, P.-P.; Casper, M. D.; Cook, K. L.; Wilson-Lingardo, L.; Risen, L. M.; Vickers, T. A.; Ranken, R.; Blyn, L. B.; Wyatt, J. R.; Cook, P. D., Structure-activity relationships of novel 2-substituted quinazoline antibacterial agents. *Journal of Medicinal Chemistry* **1999,** *42* (22), 4705-4713.

[55] Alagarsamy, V.; Solomon, V. R.; Dhanabal, K., Síntese e avaliação farmacológica de algumas 3-fenil-2-substituídas-3H-quinazolin-4-onas como agentes analgésicos e anti-inflamatórios. *Bioorganic & Medicinal Chemistry* **2007,** *15* (1), 235-241.

[56] Musser, J. H.; Kubrak, D. M.; Kreft III, A. F.; Bender, R. H., 2-(fenoximetil)-quinazolinas como agentes antialérgicos e antiinflamatórios. Google Patentes: 1988.

[57] Agarwal, K.; Sharma, V.; Shakya, N.; Gupta, S., Conceção e síntese de novos derivados de quinazolina substituídos como agentes antileishmaniais. *Bioorganic & medicinal chemistry letters* **2009,** *19* (18), 5474-5477.

[58] Modh, R. P.; De Clercq, E.; Pannecouque, C.; Chikhalia, K. H., Projeto, síntese, atividade antimicrobiana e avaliação da atividade anti-HIV de novos derivados híbridos de quinazolina-triazina. *Jornal de inibição enzimática e química medicinal* **2014,** *29* (1), 100-108.

[59] Refaie, F. M.; Esmat, A. Y.; Gawad, S. M. A.; Ibrahim, A. M.; Mohamed,

M. A., As actividades anti-hiperlipidémicas do 4 (3H) quinazolinona e dois derivados halogenados em ratos. *Lípidos na Saúde e na Doença* **2005,** *4* (1), 1.

[60] Shibata, S.; Satake, N.; Suh, T. K.; Ishida, Y.; Ueda, S.; Follmer, C.; Flores, F., Potente ação bloqueadora do α-adrenoceptor do SGB-1534, um novo agente anti-hipertensivo quinazolina em experiências in vitro. *Farmacologia Geral: O Sistema Vascular* **1986,** *17* (2), 143-149.

[61] Sudbeck, E. A.; Liu, X.-P.; Narla, R. K.; Mahajan, S.; Ghosh, S.; Mao, C.; Uckun, F. M., Structure-based design of specific inhibitors of Janus kinase 3 as apoptosis-inducing antileukemic agents. *Clinical cancer research* **1999,** *5* (6), 1569-1582.

[62] Bhattacharjee, A. K.; Hartell, M. G.; Nichols, D. A.; Hicks, R. P.; Stanton, B.; Van Hamont, J. E.; Milhous, W. K., Estudo da relação estrutura-atividade de indolo [2, 1-b] quinazolina-6, 12- diones antimaláricos (triptantrinas). Modelação farmacofórica tridimensional e identificação de novos candidatos antimaláricos. *Revista Europeia de Química Medicinal* **2004,** *39* (1), 59-67.

[63] Rajput, R.; Mishra, A. P., Uma revisão sobre a atividade biológica das quinazolinonas. *Jornal Internacional de Farmácia e Ciências Farmacêuticas* **2012,** *4* (2), 66-70.

[64] Kumar, A.; Sharma, P.; Kumari, P.; Kalal, B. L., Exploração do potencial antimicrobiano e antioxidante de quinazolina-4 (3H) -onas recentemente sintetizadas 2, 3- dissubstituídas. *Bioorganic & medicinal chemistry letters* **2011,** *21* (14), 4353-4357.

[65] Kunes, J.; Bazant, J.; Pour, M.; Waisser, K.; Slosârek, M.; Janota, J., Derivados de quinazolina com atividade antituberculosa. *IL Farmaco* **2000,** *55* (11), 725-729.

[66] Pattan, S. R.; Reddy, V. K.; Manvi, F.; Desai, B.; Bhat, A., Síntese de N-3 (4-(4-clorofenil tiazol-2-il)-(2-(amino) metil)-quinazolina-4 (3H)-ona e seus

derivados para atividade antituberculosa. *JORNAL INDIANO DE QUÍMICA SECÇÃO B* **2006,** *45* (7), 1778.

[67] Patel, A. B.; Chikhalia, K. H.; Kumari, P., Síntese e avaliação biológica de novos derivados de quinazolina obtidos por acoplamento Suzuki C-C. *Pesquisa em Química Medicinal* **2014,** *23* (5), 2338-2346.

[68] Patel, A. B.; Chikhalia, K. H.; Kumari, P., Acesso ao potencial antimicobacteriano e anticancerígeno de algumas quinazolinas fundidas. *Pesquisa em Intermediários Químicos* **2015,** *41* (7), 4439-4455.

[69] Patela, A. B.; Kumaria, P.; Chikhalia, K. H., Explorando o potencial antimicrobiano e antimicobacteriano de novos tiazolidin-4- ones baseados em quinazolina. *Indian Journal of Chemistry* **2015,** *54*, 260-271.

[70] Nepali, K.; Sharma, S.; Ojha, R.; Dhar, K. L., Vasicina e quinazolinas estruturalmente relacionadas. *Pesquisa em Química Medicinal* **2013,** *22* (1), 1-15.

[71] Bianco, A.; Reghellin, V.; Donnici, L.; Fenu, S.; Alvarez, R.; Baruffa, C.; Peri, F.; Pagani, M.; Abrignani, S.; Neddermann, P., Metabolismo da fosfatidilinositol 4-quinase IIIα-dependente PI4P é subvertido pelo HCV e é alvo de uma 4-anilino quinazolina com atividade antiviral. *PLoS Pathog* **2012,** *8* (3), e1002576.

[72] El-Sherbeny, M. A., Síntese de certos derivados de pirimido [2, 1-b] benzotiazol e benzotiazolo [2, 3-b] quinazolina para actividades antitumorais e antivirais in vitro. *Arzneimittel-Forschung* **2000,** *50* (9), 848-853.

[73] Kumar, K. S.; Ganguly, S.; Veerasamy, R.; De Clercq, E., Síntese, atividade antiviral e avaliação da citotoxicidade das bases de Schiff de algumas 2- fenil quinazolina-4 (3) H-onas. *Revista Europeia de Química Medicinal* **2010,** *45* (11), 5474-5479.

[74] Goel, R.; Kumar, V.; Mahajan, M., Quinazolines revisited: search for novel anxiolytic and GABAergic agents. *Bioorganic & medicinal chemistry letters*

**2005,** *15* (8), 2145-2148.

[75] Kabbe, H.-J.; Bierling, R.; Atassi, G., Anxiolytic agents. Google Patentes: 1988.

[76] Jatav, V.; Mishra, P.; Kashaw, S.; Stables, J., Síntese e atividade depressora do SNC de algumas novas 3-[1, 3, 4-tiadiazol-2-il]-2-estiril quinazolina-4 (3H)-onas substituídas. *Revista Europeia de Química Medicinal* **2008,** *43* (1), 135-141.

[77] Gokhan-Kelekçi, N.; Koyunoglu, S.; Yabanoglu, S.; Yelekçi, K.; Ozgen, O.; Uçar, G.; Erol, K.; Kendi, E.; Yeşilada, A., Novos inibidores da monoamina oxidase com 4 (3H)-quinazolinona contendo pirazolina: Síntese, avaliação biológica e determinantes estruturais da seletividade MAO-A e MAO-B. *Bioorganic & Medicinal Chemistry* **2009,** *17* (2), 675-689.

[78] Laddha, S. S.; Bhatnagar, S. P., Uma nova abordagem terapêutica na doença de Parkinson: Alguns novos derivados de quinazolina como inibidores selectivos duplos da fosfodiesterase 1 e agentes anti-inflamatórios. *Bioorganic & Medicinal Chemistry* **2009,** *17* (19), 6796-6802.

[79] Jackman, A. L.; Taylor, G. A.; Gibson, W.; Kimbell, R.; Brown, M.; Calvert, A. H.; Judson, I. R.; Hughes, L. R., ICI D1694, um inibidor da timidilato sintase antifolato de quinazolina que é um potente inibidor do crescimento de células tumorais L1210 in vitro e in vivo: um novo agente para estudo clínico. *Cancer Research* **1991,** *51* (20), 5579-5586.

[80] Jackman, A.; Kelland, L.; Kimbell, R.; Brown, M.; Gibson, W.; Aherne, G.; Hardcastle, A.; Boyle, F., Mechanisms of acquired resistance to the quinazoline thymidylate synthase inhibitor ZD1694 (Tomudex) in one mouse and three human cell lines. *British journal of cancer* **1995,** *71* (5), 914.

[81] Chen, K.-F.; Pao, K.-C.; Su, J.-C.; Chou, Y.-C.; Liu, C.-Y.; Chen, H.-J.; Huang, J.-W.; Kim, I.; Shiau, C.-W., Desenvolvimento de derivados de erlotinib como agentes ablativos CIP2A independentes da atividade EGFR. *Bioorg.*

*Med. Chem.* **2012,** *20* (20), 6144-6153.

[82] He, J.; Wang, X.; Zhao, X.; Liang, Y.; He, H.; Fu, L., Síntese e atividade antitumoral de novos derivados de quinazolina contendo uma porção de tiossemicarbazida. *Eur. J. Med. Chem.* **2012,** *54*, 925-930.

[83] Jiang, N.; Zhai, X.; Zhao, Y.; Liu, Y.; Qi, B.; Tao, H.; Gong, P., Síntese e avaliação biológica de novos derivados de 2-(2-arilmetileno)hidrazinil-4-aminoquinazolina como potentes agentes antitumorais. *Eur. J. Med. Chem.* **2012,** *54*, 534-541.

[84] Li, W.-W.; Wang, X.-Y.; Zheng, R.-L.; Yan, H.-X.; Cao, Z.-X.; Zhong, L.; Wang, Z.-R.; Ji, P.; Yang, L.-L.; Wang, L.-J., Descoberta do novo inibidor potente e seletivo de FLT3 1-{5-[7-(3-Morfolinopropoxi) quinazolina-4-iltio]-[1, 3, 4] tiadiazol-2-il}-3-p-tolilureia e as suas actividades anti-leucemia mieloide aguda (LMA) in vitro e in vivo. *J. Med. Chem.* **2012,** *55* (8), 3852-3866.

[85] Li, Z.; Tan, J.-H.; He, J.-H.; Long, Y.; Ou, T.-M.; Li, D.; Gu, L.-Q.; Huang, Z.-S., Derivados de quinazolina dissubstituídos como um novo tipo de ligandos altamente selectivos para o ADN telomérico G-quadruplex. *Eur. J. Med. Chem.* **2012,** *47*, 299-311.

[86] Moreno, E.; Plano, D.; Lamberto, I.; Font, M.; Encio, I.; Palop, J. A.; Sanmartin, C., Derivados de enxofre e selénio de quinazolina e pirido[2,3-d]pirimidina: Síntese e estudo da sua potencial atividade citotóxica in vitro. *Eur. J. Med. Chem.* **2012,** *47*, 283-298.

[87] Rowbottom, M. W.; Faraoni, R.; Chao, Q.; Campbell, B. T.; Lai, A. G.; Setti, E.; Ezawa, M.; Sprankle, K. G.; Abraham, S.; Tran, L., Identification of 1-(3-(6, 7-Dimethoxyquinazolin-4-yloxy) phenyl)-3-(5-(1, 1, 1-trifluoro-2-methylpropan-2-yl) isoxazol-3-yl) urea Hydrochloride (CEP-32496), a Highly Potent and Orally Efficacious Inhibitor of V-RAF Murine Sarcoma Viral Oncogene Homologue B1 (BRAF) V600E. *J. Med. Chem.* **2012,** *55* (3), 1082-1105.

[88] Xu, L.; Russu, W. A., Docagem molecular e síntese de novos análogos de quinazolina como inibidores da ativação dos factores de transcrição NF-κB e das suas actividades anticancerígenas. *Bioorg. Med. Chem.* **2013,** *21* (2), 540-546.

[89] Yu, B.; Tang, L.-d.; Li, Y.-l.; Song, S.-h.; Ji, X.-l.; Lin, M.-s.; Wu, C.-F., Conceção, síntese e atividade antitumoral de derivados de 4-aminoquinazolina que visam a tirosina quinase VEGFR-2. *Bioorg. Med. Chem. Lett.* **2012,** *22* (1), 110-114.

[90] Jung, S. H.; Thanigaimalai, P.; Rao, E. V.; Lee, K. C.; Sharma, V. K.; Roh, E.; Kim, Y., Relação estrutura-atividade de naftaldeído-tiossemicarbazonas na inibição da melanogénese. *Bioorg. Med. Chem. Lett.* **2012,** *22* (2), 886-889.

[91] Polanski, J.; Serda, M.; Kalinowski, D. S.; Mrozek-Wilczkiewicz, A.; Musiol, R.; Szurko, A.; Ratuszna, A.; Pantarat, N.; Kovacevic, Z.; Merlot, A. M.; Richardson, D. R., Síntese e caraterização de tiossemicarbazonas à base de quinolina e correlação da eficácia da ligação do ferro celular com a eficácia antitumoral. *Bioorg. Med. Chem. Lett.* **2012,** *22* (17), 5527-5531.

[92] Richardson, D. R.; Lukmantara, A. Y.; Kalinowski, D. S.; Kumar, N., Síntese e avaliação biológica de tiossemicarbazonas de 2-benzoilpiridina substituídas: novas relações estrutura-atividade subjacentes à sua eficácia anti-proliferativa e de quelação. *Bioorg. Med. Chem. Lett.* **2013,** *23* (4), 967-974.

[93] Sethukumar, A.; Vithya, V.; Udhaya Kumar, C.; Arul Prakasam, B., Estudos espectrais e estruturais por RMN de algumas xantenonas e dos seus derivados de tiossemicarbazona: Estrutura cristalina e molecular da 12- (2-clorofenil)-8,9,10,12-tetrahidrobenzo[a]xanten-11-ona. *J. Mol. Struct.* **2012,** *1008*, 8-16.

[94] Tripathi, L.; Kumar, P.; Singh, R.; Stables, J. P., Conceção, síntese e avaliação anticonvulsiva de novas amidas N-(4-substituídas por fenil)-2-[4-

(substituídas por) benzilideno]-hidrazinacarbotião. *Eur. J. Med. Chem.* **2012,** *47*, 153-166.

[95] Zhang, H. J.; Qian, Y.; Zhu, D. D.; Yang, X. G.; Zhu, H. L., Síntese, modelação molecular e avaliação biológica de derivados de chalcona tiossemicarbazida como novos agentes anticancerígenos. *Eur. J. Med. Chem.* **2011,** *46*, 4702-4708.

[96] He, H.; He, J.; Wang, X.; Zhao, X.; Liang, Y.; Fu, L., Síntese e atividade antitumoral de novos derivados de quinazolina contendo uma porção de tiossemicarbazida. *Eur. J. Med. Chem.* **2012,** *54*, 925-930.

[97] Liu, J.; Yi, W.; Wan, Y.; Ma, L.; Song, H., 1-(1-Ariletilideno)derivados de tiossemicarbazida: Uma nova classe de inibidores da tirosinase. *Bioorg. Med. Chem.* **2008,** *16* (3), 1096-1102.

[98] Unsal Tan, O.; Ozadali, K.; Yogeeswari, P.; Sriram, D.; Balkan, A., Síntese e actividades antimicobacterianas de alguns novos derivados de N-acil-hidrazona e tiossemicarbazida de 6-metil-4,5- dihidropiridazina-3(*2H*)-ona. *Med. Chem. Res.* **2011,***21*(9),2388 -2394.

[99] Alagarsamy, V.; Parthiban, P.; V Sheorey, R.; Raja Solomon, V., Síntese e atividade antibacteriana de algumas novas 1-(4-Oxo-3-(3- metoxifenil)-3H-quinazolin-2-il)-4-(substituídas) tiossemicarbazidas. *Anti-Infect. Agents* **2012,** *10* (2), 105-110.

[100] Shalaby, A. A.; El-Khamry, A. M. A.; Shiba, S.; Ahmed, A. A. A. E. A.; Hanafi, A. A., Síntese e atividade antifúngica de alguns novos derivados de quinazolina e benzoxazinona. *Archiv der Pharmazie* **2000,** *333* (11), 365-372.

[101] Ryu, C.-K.; Kim, Y. H.; Im, H. A.; Kim, J. Y.; Yoon, J. H.; Kim, A., Síntese e atividade antifúngica de 6, 7-bis (aylthio)-quinazolina-5, 8- diones e furo [2, 3-f] quinazolin-5-ols. *Bioorganic & medicinal chemistry letters* **2012,** *22* (1), 500-503.

[102] Qian, L.; Shen, Y.; Chen, J.; Zheng, K., Estudo 3D-QSAR sobre uma

série de derivados de indolo [1, 2-b] quinazolina com atividade anticancerígena e a sua conceção molecular. *Ata Physico-Chimica Sinica* **2006,** *22* (11), 13721376.

[103] Elslager, E. F.; Bird, O.; Clarke, J.; Perricone, S.; Worth, D. F.; Davoll, J., Folate antagonists. 9. 2, 4-Diamino-6-[(aralkyl) alkylamino] quniazolines, uma classe potente de antimetabolitos com efeitos antimaláricos prodigiosos. *Journal of Medicinal Chemistry* **1972,** *15* (11), 1138-1146.

[104] Elderfield, R. C.; Williamson, T. A.; Gensler, W. J.; Kremer, C. B., SÍNTESE DE QUINAZOLINAS SUBSTITUÍDAS POR BZ E DE ANTIMALÁRICOS A PARTIR DELAS. UMA CONTRIBUIÇÃO PARA A QUÍMICA DA QUINAZOLINA1. *The Journal of Organic Chemistry* **1947,** *12* (3), 405-421.

[105] Alafeefy, A. M.; Kadi, A. A.; Al-Deeb, O. A.; El-Tahir, K. E.; Al-jaber, N. A., Síntese, avaliação analgésica e anti-inflamatória de alguns novos derivados de quinazolina. *Revista Europeia de Química Medicinal* **2010,** *45* (11), 4947-4952.

[106] El-Helby, A.; Wahab, M., Conceção e síntese de alguns novos derivados de 3H-quinazolina-4-ona com promissora atividade anticonvulsiva. *Ata pharmaceutica (Zagreb, Croácia)* **2003,** *53* (2), 127-138.

[107] Bhalla, M.; Srivastava, V.; Bhalla, T.; Shanker, K., Anti-inflammatory and analgesic activity of indolyl quinazolones and their congeners. *Arzneimittel-Forschung* **1993,** *43* (5), 595-600.

[108] Biziere, K.; Hallot, A.; Kan, J.-P., 1-Piperazinyl 4-phenylquinazoline compounds having antidepressant properties and drugs containing same. Google Patents: 1985.

[109] Pandey, V.; Pathak, L.; Mishra, S., Síntese e caraterização de isoquinolinil quinazolinas e estudo das suas actividades antivirais e antifúngicas. *JORNAL INDIANO DE QUÍMICA SECÇÃO B* **2005,** *44* (9), 1940.

[110] Mohamed, Y. A.; Amr, A. E.-G. E.; Mohamed, S. F.; Abdalla, M. M.; AlOmar, M. A.; Shfik, S. H., Citotoxicidade e avaliações anti-HIV de alguns novos derivados sintetizados de quinazolina e tioxopirimidina usando 4-(tiofen-2-il) -3, 4, 5, 6-tetrahidrobenzo [h] quinazolina-2 (1H) -tiona como synthon. *Jornal de ciências químicas* **2012,** *124* (3), 693-702.

[111] R Shah, D.; P Modh, R.; V Desai, D.; H Chikhalia, K., Novos derivados de ureia/tioureia de quinazolina-4 (3H)-ona: conceção, síntese, estudo antimicrobiano e anti-TB. *Cartas em Design e Descoberta de Drogas* **2014,** *11* (5), 560-571.

MIX
Papier aus verantwortungsvollen Quellen
Paper from responsible sources
FSC® C105338

Printed by Books on Demand GmbH, Norderstedt / Germany